Cake Decorating Book

Cream
Fruits
Chocolate
Decoration

Cake Decorating Book

Cream

Fruits

Chocolate

Decoration

\ 超過20種花式擠花教學 /

擠花不NG！
夢幻裱花蛋糕BOOK

福田淳子

Cream, Fruits, Chocolate...

CAKE
DECORATING
BOOK

Decorating sweets is
just like a magic

prologue

前言

對我而言,甜點是宛如一個又一個的美夢。

我從小就對甜點這個閃閃發亮的世界充滿憧憬。

美麗的奶油霜擠花、色彩繽紛的水果、光澤閃耀的巧克力、

清純可愛的食用鮮花、粉嫩色系的裝飾彩糖……

只要輕輕撒上糖粉,瞬間就能展現甜點的華麗感。

接觸甜點製作之前的我,總是盯著甜點店的櫥窗和迷人的外文書瞧。

那些迷人的甜點,只能在甜點店裡才買得到嗎?

其實並不盡然如此,只要掌握訣竅,在家也能自己動手作。

在本書中,我整理出一系列容易在家中的蛋糕基本裝飾技巧,

尚未習慣製作方法時,也許會遇到一些困難。

但學會蛋糕體作法及裝飾技巧後,自由自在地組合運用,就能作出喜歡的甜點。

只要將本書出現的甜點,變換奶油霜的顏色,或改變表面的裝飾品,

就能作出完全不同感覺的甜點了。

「那個花樣到底要怎麼作出來呢?」我收錄了初學者在製作甜點上常見的疑問,

並針對問題作了許多研究,再以淺顯易懂的方式介紹給您。

從外型由小至大,再從簡單到困難,本書所介紹的甜點相當多,

可自由選擇您喜歡的品項,試著挑戰看看吧!

當甜點完成時,我每次都會在陶醉其中,不禁讚嘆:「甜點真的是魔法啊!」

每每心動不已又喜不自勝,一次又一次地被甜點的魅力擄獲。

也希望能將這個小小的魔法傳達給您。

福田 淳子

<h1 align="center">Contents</h1>
<h2 align="center">目錄</h2>

Lesson 4 DECORATION

Lesson 5 基本作法

製作蛋糕的事前準備　81

＜開始製作之前＞
●1大匙＝15ml，1小匙＝5ml，
　1杯＝200ml。
●使用的蛋為中等尺寸。
●烤箱的使用時間和溫度為大約數值，
　依機種而有所差異，請視狀況自行調
　整。

本書的使用方法
....

本書中介紹的甜點都是以Lesson5的「基本作法」為基礎，
將各種蛋糕體、奶油霜、頂部裝飾材料等加以組合製作而成。
可依照食譜製作，或變換組合方式，自由自在地調整作法。

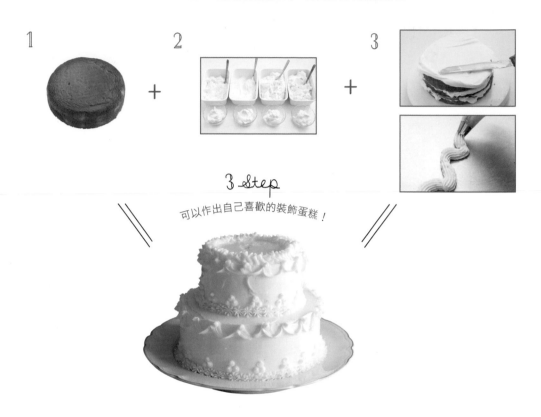

3 Step

可以作出自己喜歡的裝飾蛋糕！

Step 1 製作蛋糕體

從最基礎的蛋糕體開始製作。種類有海綿蛋糕、奶油蛋糕、磅蛋糕……
請試著從P.82至P.93當中挑選出喜歡的蛋糕體吧！

Step 2 製作奶油霜

準備適合蛋糕體的奶油霜。種類有奶油霜、鮮奶油、巧克力鮮奶油……
請試著從P.94至P.99當中挑選出喜歡的奶油霜吧！

Step 3 進行裝飾

塗抹奶油霜、擠花；以水果、巧克力、糖霜……作整體的裝飾。
請參考P.100至P.122自由地享受裝飾的樂趣。

Lesson 1
Cream

高雅又華麗的奶油霜裝飾蛋糕。

即使使用同一種蛋糕體，也會因奶油霜的顏色或擠花的不同，

改變整體的風格及氛圍，這就是裝飾甜點最迷人之處。

自由自在地享受各式各樣的裝飾組合方式吧！

Rose Cake

玫瑰裱花蛋糕（玫瑰花嘴）
　→作法請參見P.26

Flower Cake

小花朵蛋糕
→作法請參見P.26

Rose Cake

玫瑰裱花蛋糕（星形花嘴）
　→作法請參見P.27

Ruffle Cake

褶邊裱花蛋糕
→作法請參見P.27

Scallop Cake

扇貝裱花蛋糕
→作法請參見P.28

Wedding Cake

結婚蛋糕
→作法請參見P.28

Congratulations

Ombre Cake

漸層蛋糕
→作法請參見P.29

Ombre Cake

漸層奶油霜蛋糕
→作法請參見P.29

Dot Cake

水滴裱花蛋糕
→作法請參見P.30

Cream Cake In 4 Ways

奶油霜裝飾蛋糕
→作法請參見P.30

點點

水滴

圓形花嘴

直條

Cake D

聖多諾黑花嘴

直條

波浪

點點

星形花嘴

玫瑰

奶油霜擠法範例 1
→擠法請參見P.101至P.102

反轉

rating
Piping tips

褶邊

三色菫

玫瑰花嘴

點點

波浪

蒙布朗花嘴

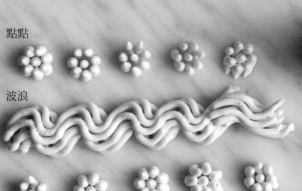

波浪

鋸齒花嘴（單邊‧雙邊）

直條

波浪

奶油霜擠法範例 2
→擠法請參見P.102至P.104

編籃

圓形花嘴（小）

星形花嘴（小）

波浪

點點

波浪

玫瑰

點點

樹葉花嘴

點點

波浪

羅蜜亞花嘴

奶油霜擠法範例 3
→擠法請參見P.101・P.103

點點

六瓣花

花朵花嘴

康乃馨

特殊花嘴

玫瑰

玫瑰花嘴

大理花

玫瑰花嘴

三色菫

奶油霜擠法範例 4
→擠法請參見P.104至P.105

L

P

M

Q

N

R

O

S

*Cup cake
with Cream*

奶油霜
裝飾杯子蛋糕
→作法請參見P.31

B

A

C

Cup cake with Chocolate

巧克力
裝飾杯子蛋糕
→作法請參見P.32

A

B

Cup cake with Fruits

水果
裝飾杯子蛋糕
→作法請參見P.33

玫瑰裱花蛋糕（玫瑰花嘴）(P.8)

玫瑰的擠法只要多練習幾次即可抓住訣竅。奶油糖霜和鮮奶油不同，
可以重複擠花為其優點之一。示範款染成裸粉色調，打造浪漫的氣息。

ingredients

材料（直徑15cm的圓形烤模1個份）

[蛋糕體]
奶油蛋糕（P.84）

[奶油霜]
瑞士蛋白霜或義式蛋白霜製成的奶油糖霜
　　（P.94至P.95）…600至700g
喜歡的色素…少許

玫瑰花嘴：玫瑰（P.104）

小型星形花嘴：點點
（P.101）

recipe

作法

1　烤製奶油蛋糕（P.84），放涼後橫向切成三片（參照P.83的作法15）。

2　在奶油霜裡加入色素，染成裸粉色（P.115）

3　在三片蛋糕之間夾入奶油霜後，再疊合，外圍以奶油霜抹平（P.106）。

4　將奶油霜放入裝有玫瑰花嘴的擠花袋內，利用烤布丁杯底等平面擠出「玫瑰花」（P.104）。

5　將步驟**4**以刮平刀輕輕地移動到蛋糕上面。

6　以喜歡的小型星形花嘴擠出「點點」（P.101），裝飾在玫瑰中間與周圍。

小花朵蛋糕 (P.9)

以色調柔和的奶油霜擠出許許多多的小花朵。
只要選擇喜愛的花朵顏色和種類，就可以作出喜歡的花朵蛋糕。

ingredients

材料（直徑15cm的圓形烤模1個份）

[蛋糕體]
奶油蛋糕（P.84）

[奶油霜]
瑞士蛋白霜或義式蛋白霜製成的奶油糖霜
　　（P.94至P.95）…400至500g
喜歡的色素…少許

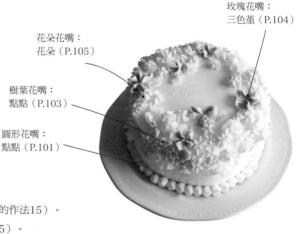

玫瑰花嘴：
三色堇（P.104）

花朵花嘴：
花朵（P.105）

樹葉花嘴：
點點（P.103）

圓形花嘴：
點點（P.101）

recipe

作法

1　烤製奶油蛋糕（P.84），放涼後橫向切成三片（參照P.83的作法15）。

2　取出少許奶油霜，加入色素染成紫色、黃色和綠色（P.115）。

3　在三片蛋糕之間塗抹不染色的奶油霜後，再疊合，外圍以奶油霜抹平（P.106）。

4　將紫色奶油霜放入裝有玫瑰花嘴的擠花袋內，擠出「三色堇」（P.104）。

5　將黃色奶油霜和剩餘不染色的奶油霜放入裝有花朵花嘴的擠花袋內，擠出「花朵」（P.105）。

6　將綠色奶油霜放入裝有樹葉花嘴的擠花袋內，擠出「點點」（P.103）。

7　將不染色的奶油霜放入裝有圓形花嘴的擠花袋內，在蛋糕側面的下方擠一圈「點點」（P.101）。

玫瑰裱花蛋糕（星形花嘴）(P.10)

只要以星形花嘴畫出「の」字就能簡單地擠出玫瑰花，很推薦初學者使用。
同樣是星形花嘴，也會隨著切口數或口徑大小而改變花樣，不妨多嘗試各種的款式。

ingredients

材料（直徑15cm的圓形烤模1個份）

[蛋糕體]
奶油蛋糕（P.84）

[奶油霜]
瑞士蛋白霜或義式蛋白霜製成的奶油糖霜
　（P.94至P.95）…600至700g
喜歡的色素…少許

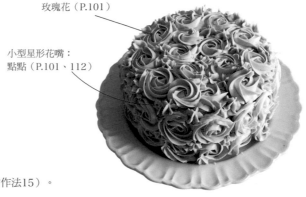

玫瑰花（P.101）

小型星形花嘴：
點點（P.101、112）

recipe

作法

1　烤製奶油蛋糕（P.84），放涼後橫向切成三片（參照P.83的作法15）。

2　在奶油霜裡面加入色素，染成玫瑰粉紅色（P.115）

3　在三片蛋糕之間夾入奶油霜後，再疊合，外圍以奶油霜抹平（P.106）。

4　將奶油霜放入裝有星形花嘴的擠花袋內，擠出「玫瑰花」（P.101）。＊由中心朝向外側以畫「の」字的方式擠出玫瑰花（P.110）。

5　以喜歡的小型星形花嘴擠出點點（P.101、P.110），填滿玫瑰之間的空隙。

褶邊裱花蛋糕 (P.11)

擠出輕柔飄逸的褶邊裝飾，將蛋糕裝飾得華麗高雅。乍看似乎有點複雜，實際操作卻非常簡單。
改變奶油霜的顏色就會產生不同的印象，以喜歡的顏色挑戰看看吧！

ingredients

材料（直徑15cm的圓形烤模1個份）

[蛋糕體]
奶油蛋糕（P.84）

[奶油霜]
瑞士蛋白霜或義式蛋白霜製成的奶油糖霜
　（P.94至P.95）…900至1000g
喜歡的色素…少許
裝飾彩糖（P.74）…少許（依喜好）

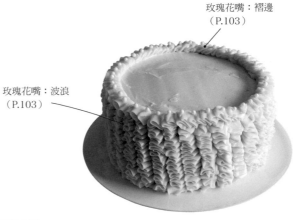

玫瑰花嘴：褶邊
（P.103）

玫瑰花嘴：波浪
（P.103）

recipe

作法

1　烤製奶油蛋糕（P.84），放涼後橫向切成三片（參照P.83的作法15）。

2　在奶油霜裡面加入色素，染成薄荷綠色（P.115）

3　在三片蛋糕之間夾入奶油霜後，再疊合，外圍以奶油霜抹平（P.106）。

4　將奶油霜放入裝有玫瑰花嘴的擠花袋內，擠出「波浪」（P.103）。＊重點是側面要由下往上擠（P.110）

5　在蛋糕上面的周圍擠一圈「褶邊」（P.103），再以喜歡的彩糖裝飾。

扇貝裱花蛋糕 (P.12)

Scallop的意思是扇貝，是一種以湯匙抹出宛如貝殼的形狀。
在此以奶油霜作出漸層；若僅使用單色，作起來會更加容易。

ingredients

材料（直徑15cm的圓形烤模1個份）

[蛋糕體]
奶油蛋糕（P.84）

[奶油霜]
瑞士蛋白霜或義式蛋白霜製成的奶油糖霜
　（P.94至P.95）…800至900g
喜歡的色素…少許
喜歡的插卡（依喜好）

以湯匙柄作出扇貝花紋
（P.111）

recipe

作法

1　烤製奶油蛋糕（P.84），放涼後橫向切成三片（參照P.83的作法15）。

2　在三片蛋糕之間夾入奶油霜後，再疊合，外圍以奶油霜抹平（P.106）。

3　將剩下的奶油霜分成四等分。一份不染色，其他三份加入色素，染成可以製造漸層的顏色（P.115）。

4　將四色奶油霜分別放入裝有圓形花嘴的擠花袋內，於蛋糕側面依照由下至上&由淺至深的順序，
　　將四種顏色各擠出一個圓點，以湯匙柄壓住後旁拖曳（P.111）。每作完一次後擦拭湯匙，如此重複。

5　在蛋糕上面的外緣以深色擠一圈，以湯匙柄壓住後旁拖曳（P.111）。依顏色深淺順序各擠一圈，重複此動作。
　　再以喜歡的插卡裝飾。

結婚蛋糕 (P.13)

以白色奶油霜打造而成的高雅蛋糕，適合當成結婚的賀禮。
愈是單純的蛋糕愈要仔細擠花才能裝飾得美麗。

ingredients

材料（直徑18cm、12cm的圓形烤模各一個份）

[蛋糕體]
奶油蛋糕（P.84）

[奶油霜]
瑞士蛋白霜或義式蛋白霜製成的奶油糖霜
　（P.94至P.95）…900至1000g
喜歡的插卡（依喜好）

樹葉花嘴：
波浪（P.103）

玫瑰花嘴：褶邊
（P.103）

小型星形花嘴：
點點（P.101）

小型星形花嘴：點點
（P.101）

小型圓形花嘴：
點點（P.101）

recipe

作法

1　兩種尺寸的奶油蛋糕各烤一個（P.84），放涼後各橫向切成三片（參照P.83的作法15）。

2　在蛋糕的切片之間塗抹奶油霜之後，三片疊合，外圍以奶油霜抹平（P.106）。

3　將直徑12cm的蛋糕疊在直徑18cm的蛋糕上。

4　將奶油霜放入裝有玫瑰花嘴的擠花袋內，於上層蛋糕的上方外緣擠出一圈「褶邊」（P.103）。以樹葉花嘴在兩層蛋糕的
　　側面上方各擠一圈「波浪」（P.103）。

5　以小型星形花嘴在兩層蛋糕的側面下方擠出「點點」（P.101），再以小型圓形花嘴於其上擠出三個「點點」（P.101）。
　　波浪的交會處也以小型圓形花嘴擠出「點點」，再以喜歡的插卡裝飾。

漸層蛋糕（P.14）

Ombre在法語裡是製造出明暗的意思，意指具有漸層色彩。
將蛋糕麵糊染色後，以色彩漸層的方式重疊，切開時一定能帶來驚喜！

ingredients

材料（直徑12cm的圓形烤模2個份）＊具有厚度的蛋糕

[蛋糕體]
奶油蛋糕（P.84）

[奶油霜]
喜歡的奶油糖霜（P.94至P.96）…600至700g
喜歡的色素…少許

以湯匙作出花紋（P.108）

recipe

作法

1　將作好的蛋糕麵糊分成五等分，一份不染色，另四份加入色素染成能作出
　　漸層的顏色（P.84至P.85）。

2　將麵糊分別倒入模具內，烤箱預熱至170℃ 烤大約20至25分鐘（P.85）＊多個模具一起烤可以減少次數。

3　放涼後，將蛋糕各橫切為1.5cm的厚度（P.85）。

4　在五片蛋糕之間夾入奶油霜後，依深淺順序疊合，外圍以奶油霜抹平（P.106）。

5　以湯匙的背面輕拍奶油霜， 以先觸碰再拉起的方式，作出有尖角的花紋（P.108）

漸層奶油霜蛋糕（P.15）

以奶油霜作出濃淡的漸層色彩，在此以紫色打造高貴風格。
將複數顏色的奶油霜抹平時，請使用擠花袋。

ingredients

材料（直徑12cm的圓形烤模2個份）＊具有厚度的蛋糕

[蛋糕體]
奶油蛋糕（P.84）

[奶油霜]
喜歡的奶油糖霜（P.94至P.96）… 500至600g
喜歡的色素…少許
喜歡的蠟燭（依喜好）

抹平：奶油霜漸層
的實例（P.107）

圓形花嘴：點點（P.101）

recipe

作法

1　奶油蛋糕分別烘烤完成（P.84）後放涼，各橫切成三片（參照P.83的作法15）。

2　將奶油霜分成四等分，一份不染色，另三份加入色素染成能作出漸層的顏色（P.107至P.115）。

3　在蛋糕的切片之間塗抹不染色的奶油霜之後，六片疊合，側面的空隙填入奶油霜使其均整（P.107）。

4　上面薄薄塗抹最淺色的奶油霜，將染色的奶油霜各自放入裝有圓形花嘴的擠花袋內，於側面由下往上，
　　依深淺順序擠出（P.107）。

5　以刮板將側面的奶油霜推平，再以刮平刀將整體刮抹得漂亮均整（P.107）。

6　將不染色的奶油霜放入裝有圓形花嘴的擠花袋內，於側面的下方擠出一圈「點點」（P.101），再裝飾上喜歡的蠟燭。

水滴裱花蛋糕 (P.16)

小型圓形花嘴擠出水滴花樣，製作出可愛的鮮奶油蛋糕。
帛綿綿的海綿蛋糕裡，夾入了大量酸酸甜甜的檸檬糖霜，美味加分！

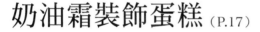ingredients

材料（直徑18cm的圓形烤模1個份）

[蛋糕體]
海綿蛋糕（P.82）

[奶油霜・頂部裝飾]
檸檬糖霜（P.98）…全量
鮮奶油（P.97）…200ml
砂糖…1又1/2大匙
檸檬皮屑…少許

小型圓形花嘴：點點（P.101）

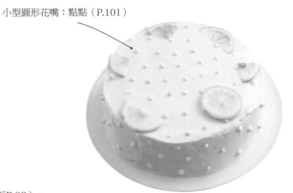

recipe
作法

1　海綿蛋糕烘烤完成（P.84）後放涼，橫向切成三片（P.82至P.83）。

2　使用前將檸檬糖霜充分混合均勻，夾入三片蛋糕間後，再疊合。

3　鮮奶油加入砂糖，打至七分發（P.97），將蛋糕外圍抹平。

4　再將步驟 **3** 剩下的奶油霜打至八分發（P.97）放入裝有小型圓形花嘴的擠花袋內，
　　於上面和整個側面擠出「點點」（P.101）。

5　以檸檬皮屑裝飾。

奶油霜裝飾蛋糕 (P.17)

只使用染色鮮奶油的簡單風蛋糕。
即使不擠花，也能以湯匙或叉子作出十分可愛的花紋裝飾。

ingredients

材料（直徑12cm的圓形烤模1個份）

[蛋糕體]
海綿蛋糕（P.82）

[奶油霜]
鮮奶油（P.97）… 200ml
砂糖… 1又1/2大匙
喜歡的色素…少許

recipe
作法

1　海綿蛋糕烘烤完成（P.84）後放涼，橫向切成三片（P.82至P.83）。

2　鮮奶油加入砂糖，打至七分發之後取出一半，剩下的打至八分發（P.97），
　　加入喜歡的色素染成喜歡的顏色（P.115）。

3　將步驟 **2** 的八分發奶油霜（P.97）夾入三片蛋糕間後，再疊合，以七分發的奶油霜將外圍抹平（P.106）。

4　依照下列方法，以湯匙或叉子作出花紋（P.108）。

　　（A）以刮平刀拍抹出棒狀花紋。
　　（B）以叉子製造條紋。
　　（C）以湯匙挖取奶油霜，在蛋糕上以簡單的手法厚厚地堆疊。
　　（D）以湯匙背面輕輕拍打後拉起，作出有尖角的花紋。

奶油霜裝飾杯子蛋糕（P.22至P.23）

只需在杯子蛋糕上面擠染色奶油霜，輕鬆的裝飾手法。
即使是單色奶油霜也能靠擠花法來變換感覺，享受各式各樣的變化樂趣。

ingredients

材料（直徑7cm的馬芬模6至8個份）

[蛋糕體]
從下列三種當中選擇喜歡的類型
海綿蛋糕麵糊的杯子蛋糕（P.82）
奶油杯子蛋糕＜馬芬＞（P.86）
植物油杯子蛋糕＜馬芬＞（P.87）
＊推薦海綿蛋糕麵糊的杯子蛋糕，放進冰箱冷藏也不會變硬。

[奶油霜]
喜歡的奶油糖霜（P.94至P.95）或打至八分發的鮮奶油（P.97）… 適量
喜歡的色素…少許

recipe

作法

1 烤好作為基底的杯子蛋糕，放涼。

2 在奶油霜裡加入色素，染成喜歡的顏色（P.115）。

3 將步驟**2**的奶油霜放入裝有花嘴的擠花袋內，依下列方式擠出各種花樣。

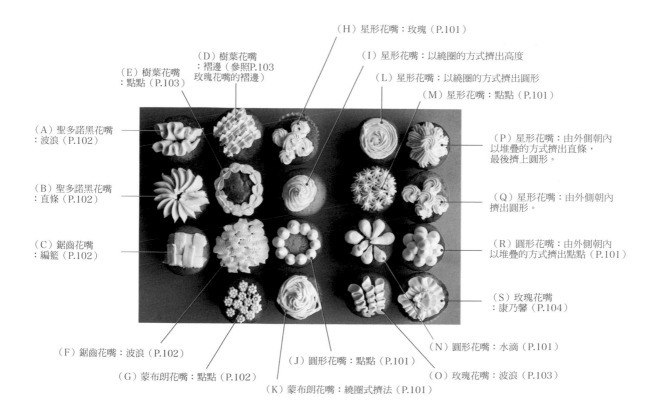

（H）星形花嘴：玫瑰（P.101）

（D）樹葉花嘴
：褶邊（參照P.103
玫瑰花嘴的褶邊）

（I）星形花嘴：以繞圈的方式擠出高度

（E）樹葉花嘴
：點點（P.103）

（L）星形花嘴：以繞圈的方式擠出圓形

（M）星形花嘴：點點（P.101）

（A）聖多諾黑花嘴
：波浪（P.102）

（P）星形花嘴：由外側朝內
以堆疊的方式擠出直條，
最後擠上圓形。

（B）聖多諾黑花嘴
：直條（P.102）

（Q）星形花嘴：由外側朝內
擠出圓形。

（C）鋸齒花嘴
：編籃（P.102）

（R）圓形花嘴：由外側朝內
以堆疊的方式擠出點點（P.101）

（S）玫瑰花嘴
：康乃馨（P.104）

（F）鋸齒花嘴：波浪（P.102）

（N）圓形花嘴：水滴（P.101）

（G）蒙布朗花嘴：點點（P.102）

（J）圓形花嘴：點點（P.101）

（O）玫瑰花嘴：波浪（P.103）

（K）蒙布朗花嘴：繞圈式擠法（P.101）

巧克力裝飾杯子蛋糕（P.24）

以巧克力作脆皮、擠點奶油霜，或放上薄片、捲邊巧克力即可完成。
使用巧克力奶油霜裝飾而成的杯子蛋糕，散發著高貴而成熟的氣息。

ingredients

材料（直徑7cm的馬芬模6至8個份）

[蛋糕體]
從下列三種當中選擇喜歡的類型
海綿蛋糕麵糊的杯子蛋糕（P.82）
奶油杯子蛋糕＜馬芬＞（P.86）
植物油杯子蛋糕＜馬芬＞（P.87）
＊推薦海綿蛋糕麵糊的杯子蛋糕，放進冰箱冷藏也不會變硬。

[奶油霜・頂部裝飾]
A：喜歡的奶油糖霜（P.94至P.96）、巧克力鏡面（P.118）、糖霜（P.114）…各適量
B：巧克力鮮奶油（P.99）、薄片巧克力（P.119）、棉花糖…各適量
C：巧克力甘納許（P.99）、捲邊巧克力（P.119）、可可餅乾…各適量

recipe

作法

1 烤好作為基底的杯子蛋糕，放涼。

2 依下列方式，以奶油霜或巧克力作頂部裝飾。

（A）抹上奶油糖霜，淋上融化後的巧克力鏡面醬。待凝固之後，再以糖霜描繪文字（P.114、P.116）。
（B）將巧克力鮮奶油放入裝有星形花嘴的擠花袋內，擠出「玫瑰」（P.101）。以薄片巧克力、棉花糖裝飾。
（C）將巧克力甘納許放入裝有圓形花嘴的擠花袋內，擠出「點點」（P.101）。放上捲邊巧克力，再以可可餅乾裝飾。

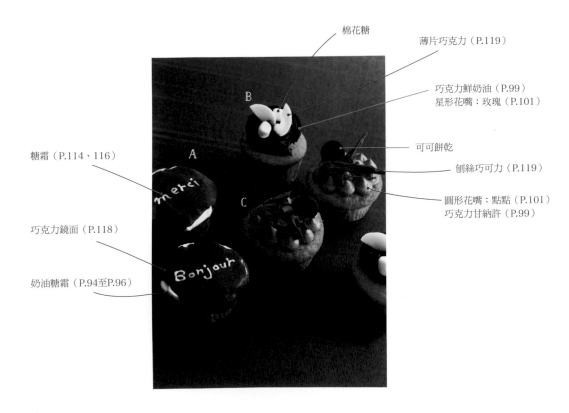

棉花糖
薄片巧克力（P.119）
巧克力鮮奶油（P.99）
星形花嘴：玫瑰（P.101）
可可餅乾
刨絲巧可力（P.119）
圓形花嘴：點點（P.101）
巧克力甘納許（P.99）
糖霜（P.114、116）
巧克力鏡面（P.118）
奶油糖霜（P.94至P.96）

水果裝飾杯子蛋糕 (P.25)

將果醬和奶油霜一起放入擠花袋裡，擠出帶有大理石紋路的可愛花樣！
頂部以當季的水果作裝飾即可。

ingredients

材料（直徑7cm的馬芬模6至8個份）

[蛋糕體]
從下列三種當中選擇喜歡的類型
海綿蛋糕麵糊的杯子蛋糕（P.82）
奶油杯子蛋糕＜馬芬＞（P.86）
植物油杯子蛋糕＜馬芬＞（P.87）
＊推薦海綿蛋糕麵糊的杯子蛋糕，放進冰箱冷藏也不會變硬。

[奶油霜・頂部裝飾]
A：打至八分發的鮮奶油（P.97）、喜歡的果醬…各適量
B：打至八分發的鮮奶油（P.97）、喜歡的水果…各適量

recipe

作法

1　烤好作為基底的杯子蛋糕，放涼。

2　依下列方式，以奶油霜或水果作頂部裝飾。

　（A）在裝有星形花嘴的擠花袋內薄薄塗抹一層果醬，再於果醬上面放上奶油霜，一起擠出（P.111）。
　（B）將鮮奶油放入裝有羅蜜亞花嘴的擠花袋內，擠出「點點」（P.103）。正中央放上水果。

羅蜜亞花嘴：點點（P.103）

將果醬放入奶油霜中（P.111）

Fruits

FRUITS

以下將介紹小蛋糕及水果塔的裝飾技巧，
不需準備很多種類的水果，
只使用一種水果作裝飾也無妨。
使用同色系的水果也可以妝點得很迷人呢！

Easy Short Cake

簡單的小蛋糕
→作法請參見P.44

Short Cake In 4 Ways

A   B

C   D

擠花小蛋糕
→作法請參見P.44

Square Short Cake

方形小蛋糕
→作法請參見P.45

E

F

C

D

A

B

Mont Blanc Cake In 6 Ways

擠花蒙布朗
→作法請參見P.45

Red Fruits Tart

紅色水果塔
→作法請參見P.46

C

Green Fruits Tart

B

A

綠色水果塔
→作法請參見P.46

Pavlova

帕芙洛娃蛋糕

→作法請參見P.47

Joyeux Noël

A

B

C

D

Lemon Meringue Tart In 4 Ways

擠花蛋白霜檸檬塔
→作法請參見P.47

簡單的小蛋糕 (P.36)

將海綿蛋糕重疊，簡單塗抹奶油霜即可完成的小蛋糕。
側面不塗抹奶油霜，露出蛋糕體使整體更質樸大方。

ingredients

材料（直徑15cm的圓形烤模1個份）

[蛋糕體]
海綿蛋糕（P.82）

[奶油霜・頂部裝飾]
鮮奶油（P.97）… 200ml
砂糖… 1又1/2大匙
喜歡的水果…適量
＊使用了草莓、覆盆子、鵝莓、黑莓、藍莓、紅醋栗來作頂部裝飾。

recipe

作法

1　海綿蛋糕烘烤完成（P.84）後放涼，橫向切成兩片（P.82至P.83）。

2　鮮奶油加入砂糖，打至八分發（P.97）。

3　將步驟 **2** 的奶油霜塗抹於海綿蛋糕上，放上喜歡的水果，疊上另一片蛋糕。

4　將剩下的奶油霜塗抹於頂部，再以水果裝飾。

擠花小蛋糕 (P.37)

配合擠花的樣式變換水果種類，
小小蛋糕也能作出許許多多不同的變化。

ingredients

材料（直徑12cm的圓形烤模1個份）

[蛋糕體]
海綿蛋糕（P.82）

[奶油霜・頂部裝飾]
鮮奶油（P.97）… 200ml
砂糖… 1又1/2大匙
喜歡的水果…適量
＊使用了草莓、覆盆子、鵝莓、黑莓、藍莓、紅醋栗來作頂部裝飾。

recipe

作法

1　海綿蛋糕烘烤完成（P.84）後放涼，橫向切成兩片（P.82至P.83）。

2　鮮奶油加入砂糖，打至七分發之後取出一半，剩下的打至八分發（P.97）。

3　將八分發的奶油霜（P.97）和水果夾入三片蛋糕間後，再疊合，以七分發的奶油霜將外圍抹平（P.106）。

4　依下列方式將八分發的奶油霜擠在蛋糕頂部，再以水果裝飾。

（A）外圍用圓形花嘴擠出「點點」（P.101），放上挖成球狀的哈密瓜。
（B）外圍以星形花嘴擠出「反轉」（P.101），放上草莓。
（C）整體用鋸齒花嘴擠出「編籃」（P.102），放上覆盆子、紅醋栗。
（D）中心空著，由內側朝向外側用聖多諾黑花嘴擠出「直條」（P.102），然後在中心放上鵝莓、黑莓和藍莓。

方形小蛋糕（P.38）

以磅蛋糕模烘烤而成的海綿蛋糕，帶來比圓形更帥氣的印象。
塗抹奶油霜的面積狹窄，更容易抹平，因此特別推薦給初學者。

ingredients

材料（18×8.7×6cm的磅蛋糕模一個份）

［蛋糕體］
海綿蛋糕（P.82）
＊與一個份的直徑15cm的圓形烤模相同

［奶油霜・頂部裝飾］
鮮奶油（P.97）… 300ml
砂糖… 2大匙
喜歡的水果或香草…適量
＊使用了無花果、晴王麝香葡萄、油桃、細葉香芹來作頂部裝飾。

recipe

作法

1　在磅蛋糕模裡鋪上烘焙紙（P.81），烤箱預熱至170℃，烘烤海綿蛋糕20至25分鐘，放涼後橫向切成三片（P.82至P.83）。

2　鮮奶油加入砂糖，打至七分發之後取出一半，剩下的打至八分發（P.97）。

3　將八分發的奶油霜（P.97）和水果夾入三片蛋糕間後，再疊合，以七分發的奶油霜將外圍抹平（P.106）。

4　將剩下的奶油霜放入裝有聖多諾黑花嘴的擠花袋內，在正中央擠出「直條」（P.102）。

5　在步驟4擠好的奶油霜上，以水果或香草作裝飾。　＊將兩端切掉露出斷面，看起來會更美觀。

擠花蒙布朗（P.39）

以喜歡的花嘴完成蒙布朗奶油霜擠花，
無論可愛或時髦，滿足您喜愛的各種風格。

ingredients

材料（直徑7cm的馬芬模6至8個份）

［蛋糕體］
海綿蛋糕麵糊的杯子蛋糕（P.82）
＊與一個份的直徑15cm的圓形烤模相同

［奶油霜・頂部裝飾］
鮮奶油（P.97）…180至 200ml
栗子醬（市售品）…240g
蘭姆酒…2小匙
糖煮澀皮栗子…3顆
切碎的開心果…少許（依喜好）

recipe

（E）蒙布朗花嘴
：繞圈式擠法

（C）鋸齒花嘴
：波浪（P.102）

（A）星形花嘴
：繞圈式擠法

（F）蒙布朗花嘴
：點點（P.102）

（D）鋸齒花嘴
：直條（P.102）

（B）星形花嘴
：點點（P.101）

作法

1　海綿蛋糕麵糊的杯子蛋糕烘烤完成後，放涼（P.82）。

2　將130ml的鮮奶油打至八分發（P.97），放入裝有圓形花嘴的擠花袋內，大量地擠在步驟1的馬芬蛋糕上。

3　將栗子醬攪拌到平滑均勻，慢慢加入50至70ml的鮮奶油與蘭姆酒之後充分混合。

4　將步驟3的奶油霜，依上圖所列的方式擠在步驟2的奶油霜上。頂端放上糖煮澀皮栗子，依喜好撒上開心果碎粒。

紅色水果塔 (P.40)

對於水果塔的配色感到迷網時，可先使用單色作練習。
集結紅色系水果將蛋糕裝飾的十分華麗，非常適合用來招待或餽贈。

ingredients

材料（直徑18cm的塔模1個份）

[蛋糕體]
塔〈杏仁塔〉（P.88）

[杏仁奶油霜‧頂部裝飾]
無鹽奶油…45g
砂糖…45g
蛋（中型）…1個
蘭姆酒…2小匙
A ⌊低筋麵粉…15g
　杏仁粉…45g
喜歡的紅色系水果…適量
＊使用了美國櫻桃、蘋果、紅醋栗、草莓、覆盆子來作頂部裝飾。

鏡面果膠（P.122）…適量

鋪排上草莓、覆盆子、美國櫻桃，中間插入蘋果切片。將紅醋栗和櫻桃往上疊放，並塗抹鏡面果膠。

recipe

作法

1　塔皮內填入杏仁奶油霜後，放入烤箱烘烤，完成後靜置放涼（P.88至P.89）。

2　排放水果後，再塗上鏡面果膠（P.122）。

綠色水果塔 (P.41)

在烤好的小尺寸塔皮頂部，各以一種綠色水果來作裝飾。
不需使用困難的方法，輕鬆擺放就能完成！

ingredients

材料（直徑12cm的塔模3個份）

[蛋糕體]
塔〈杏仁塔〉（P.88）

[頂部裝飾]
馬斯卡彭起司…100g
喜歡的綠色系水果、香草…各適量
＊使用了哈密瓜、晴王麝香葡萄、奇異果、萊姆、迷迭香、薄荷來作頂部裝飾。
鏡面果膠（P.122）…適量

recipe

作法

1　塔皮內填入杏仁奶油霜後，放入烤箱烘烤，放涼（P.88至P.89）

2　頂部塗抹馬斯卡彭起司，依照下列方式以水果裝飾，再塗上鏡面果膠（P.122）。
　　＊也可依喜好淋上蜂蜜或楓糖漿來增加甜度。

　（A）以挖成球形的哈密瓜、切成薄片的萊姆、迷迭香作裝飾。
　（B）將切成薄片的奇異果豎著排放。
　（C）將晴王麝香葡萄重疊堆放，再放上薄荷作裝飾。

帕芙洛娃蛋糕 （P.42）

來自澳洲的甜點「帕芙洛娃」，擁有其他蛋糕所沒有酥脆的口感。
帶有甜味的麵糊搭配上無糖奶油霜及水果，是一道相當有魅力的蛋糕。以圓環烤模製作很適合耶誕節享用。

ingredients

材料（直徑22cm的圓環形蛋糕模1個份）

［蛋糕體］
蛋白（中型）… 140g（約4個份）
糖粉… 280g

［頂部裝飾］
鮮奶油（P.97）… 200至300ml、君度橙酒（P.125）…2小匙
＊蛋白霜有甜味在此鮮奶油不加砂糖。
喜歡的水果或堅果…200至300g
＊雖然可依各人喜好選擇水果，若選擇帶點酸味的類型更為合適。使用了紅石榴、醋栗、黑莓、藍莓、開心果來作頂部裝飾。

recipe

作法

1　將裁成直徑20cm的紙張鋪在烤盤上，再鋪上烘焙紙。

2　蛋白裡面加入糖粉，作出基本款蛋白霜（P.112）

3　將蛋白霜裝入擠花袋內，照著步驟 **1** 的紙型於烘焙紙上，以繞圈的方式擠出圓環形狀。

4　放進預熱至120℃的烤箱中，烘烤大約2至3 小時，直接在烤箱內放涼。
　　待完全冷卻後，輕輕地以刀子插進底部，將蛋白霜從烘焙紙上取下，小心不要弄碎。

5　在鮮奶油裡加入君度橙酒，打至八分發（P.97），以湯匙塗抹在帕芙洛娃蛋糕上，頂部撒上各種水果。

擠花蛋白霜檸檬塔 （P.43）

填入酸味強烈的檸檬糖霜，再裝飾上蛋白霜即可完成。
蛋白霜可以湯匙舀起或以喜歡的花嘴擠等盡情地裝飾。

ingredients

材料（直徑10cm的塔圈6個份）

［蛋糕體］
小圓塔（P.90）
＊份量變成2倍（鹽則維持1撮）

［奶油霜・頂部裝飾］
檸檬糖霜（P.98）… 全量
裝飾用蛋白霜
蛋白（中型）… 35g（約1個份）
糖粉… 35g
檸檬汁…1/2小匙

（B）鋸齒花嘴：
直條（P.102）

（A）圓形花嘴：
點點（P.101）

（C）鋸齒花嘴：褶邊
（參照P.103的玫瑰花嘴）

（D）以湯匙簡單抹上
（P.108）

recipe

作法

1　小圓塔烤好後，放涼（P.90）。

2　將檸檬糖霜填入塔皮內。

3　將糖粉和檸檬汁加入蛋白內，作出基本款蛋白霜（P.112）。

4　將步驟 **3** 依右圖所列的方式擠上，或以湯匙舀放（P.113），放進預熱至250℃的烤箱，烘烤至表面微焦。

Chocolate

Lesson 3

CHOCOLATE

只要使用巧克力作成鏡面，
就能在家中輕鬆作出有如法式甜點般的時尚感。
以下除了介紹基本款之外，還介紹了
棋盤蛋糕、糖果屋等種類豐富的巧克力蛋糕。

Schwarzwälder Kirschtorte

黑森林蛋糕
→作法請參見P.58

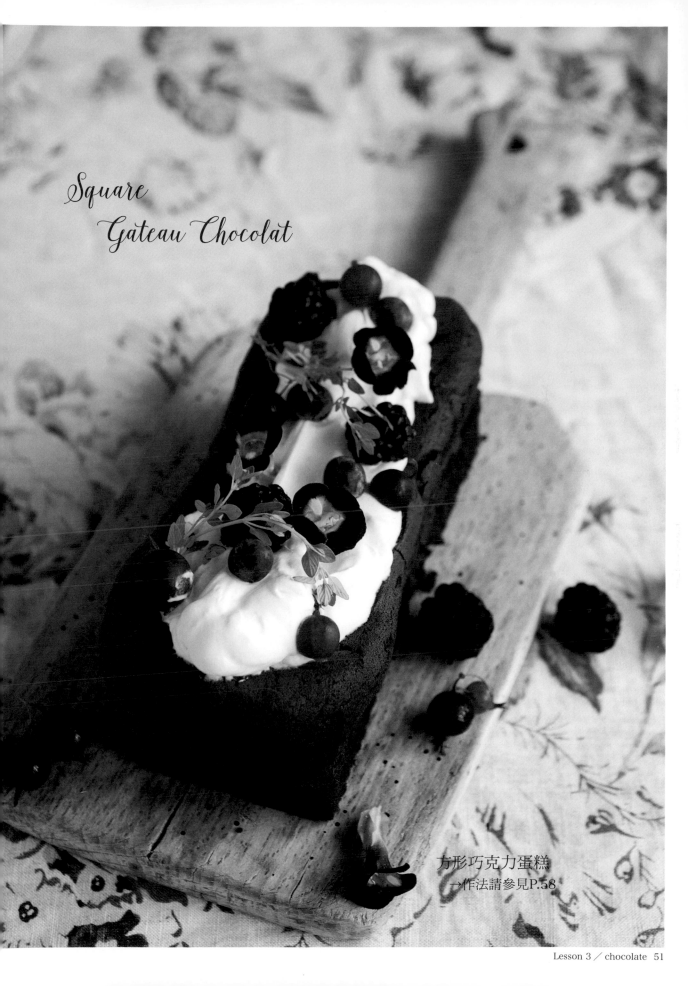

Square
Gateau Chocolat

方形巧克力蛋糕
→作法請參見P.58

Devil's Food Cake

Thank you !

魔鬼蛋糕
→作法請參見P.59

Whipped Chocolate Cream Cake

甘納許巧克力蛋糕
→作法請參見P.59

Brownie

布朗尼
→作法請參見P.60

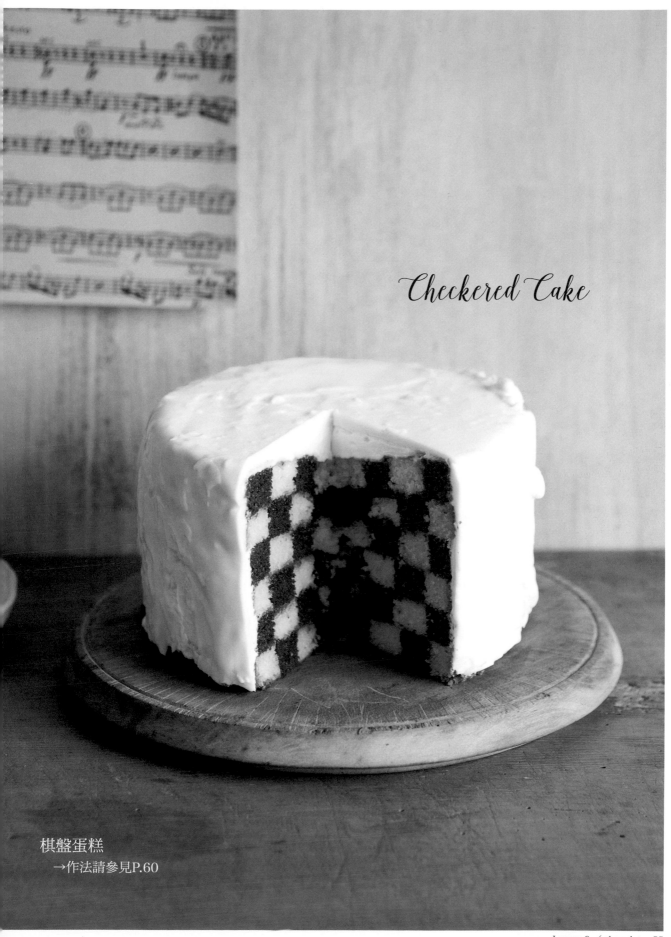

Checkered Cake

棋盤蛋糕
→作法請參見P.60

Candy House

糖果屋
→作法請參見P.61

Mocha Chocolate Drip Cake

摩卡巧克力淋醬蛋糕
→作法請參見P.61

黑森林蛋糕 (P.50)

正式名稱為Schwarzwälder Kirschtorte，為德國的傳統甜點。
可可海綿蛋糕內夾入奶油霜和黑櫻桃，再以櫻桃蒸餾酒增添風味。

ingredients

材料（直徑15cm的圓形烤模1個份）

[蛋糕體]
海綿蛋糕（P.82）

[奶油霜・頂部裝飾]

A
黑櫻桃果實（罐頭）…170g
黑櫻桃果汁（罐頭）…50ml
砂糖…30g
玉米粉…1大匙
蒸餾酒（P.125）…1大匙

鮮奶油（P.97）…200ml
砂糖…1又1/2大匙
捲邊巧克力（P.119）…少許（依喜好）
黑巧克力…少許（依喜好）

recipe

作法

1 可可海綿蛋糕烘烤完成（P.84）後放涼，橫向切成兩片（P.82至P.83）。

2 將材料 **A** 放入小鍋子，開中火加熱，沸騰後轉小火，加入以1大匙水（份量外）溶解的玉米粉，
一起攪拌。待整體變濃稠後，加入蒸餾酒攪拌，熄火放涼。熱度稍退後，即可放進冰箱冷卻。

3 鮮奶油加入砂糖，打至八分發（P.97），放入裝有星形花嘴的擠花袋內。

4 將步驟 **3** 擠在海綿蛋糕上，放上一半份量的步驟 **2**，疊上一片蛋糕，再重複一次此動作。

5 在海棉蛋糕頂部擠上奶油霜，依喜好裝飾上捲邊巧克力、黑櫻桃。

方形巧克力蛋糕 (P.51)

以磅蛋糕模烘烤而成的巧克力蛋糕，同時擁有濕潤醇厚的口感及時尚的外觀。
簡單抹上奶油霜，並於頂部裝飾上花朵或水果，就大功告成了！

ingredients

材料（18×8.7×6cm的磅蛋糕模1個份）

[蛋糕體]

A
巧克力…80g
無鹽奶油…50g
蛋黃（中型）…2個
砂糖a…40g
牛奶…50ml
蘭姆酒…2小匙

B
可可粉…40g
低筋麵粉…2小匙
蛋白（中型）…2個
砂糖b…40g

[奶油霜・頂部裝飾]
鮮奶油（P.97）…100ml
砂糖…1又1/2大匙
食用鮮花（P.121）、
鵝莓、黑莓、香草…各適量

preparation

事前準備（P.81）

先將蛋黃和蛋白分開，放進
冷藏。牛奶回復至常溫。巧
克力切成細碎狀（P.60）。
在烤模裡鋪上烘焙紙。

recipe

作法

1 將材料 **A** 倒入調理盆內，以50℃左右的熱水隔水加熱至融化。

2 另取一個調理盆，放入蛋黃和砂糖a，打發至變白的程度。加入 **1** 並攪拌，依序加入牛奶、蘭姆酒並攪拌。
將材料 **B** 放入步驟 **1** 的調理盆，以打蛋器攪拌至光滑。

3 在另一個調理盆內放入蛋白，分兩次加入砂糖b，製作「加入蛋糕麵糊的蛋白霜」（P.112）。

4 在 **2** 裡加入1/3份量的 **3**，以打蛋器充分攪拌均勻。剩下的蛋白霜分兩次加入，以矽膠刮刀由底部大致攪拌混合。

5 倒入模具內，將烤箱預熱至170℃，烘烤大約30分鐘，直接在模具中放涼。鮮奶油裡加進砂糖，打至八分發（P.97），
簡單塗抹在脫膜後的蛋糕上，再以食用鮮花或水果、香草作裝飾。

＊天氣熱時，請放進冰箱保存，享用前請回復至常溫後再享用（食用前再塗抹奶油霜，抹好後放進冰箱保存）。

魔鬼蛋糕（P.52）

「宛如魔鬼般的美味度」是一款美國家喻戶曉的巧克力蛋糕。
質地濃厚但甜度較低，是不小心就會一口接一口的危險美味……

ingredients

材料（直徑15cm的圓形烤模1個份）

[蛋糕體]
巧克力蛋糕（P.92）

[奶油霜・頂部裝飾]
巧克力鮮奶油
┌ 鮮奶油（P.97）…200ml
│ 巧克力…300g
│ 無鹽奶油…60g
└ 白蘭地…1大匙
喜歡的裝飾插卡（依喜好）

recipe

作法

1　巧克力蛋糕烘烤完成後（P.92）放涼，橫向切成三片（參照P.83的作法15）。

2　製作巧克力鮮奶油（P.99）。

3　在三片蛋糕之間夾入步驟 **2** 的奶油霜後，再疊合，外圍以奶油霜抹平（P.106）。

4　在蛋糕上面由中心朝向外側，運用湯匙背面以繞圈的方式畫出圓形（P.108）。以喜歡的插卡裝飾。
　　＊天氣熱時，請放進冰箱冷藏保存，享用前放在室溫下回溫即可。

甘納許巧克力蛋糕（P.53）

軟綿綿的海綿蛋糕，配上滑順的巧克力甘納許，廣受歡迎的大眾口味。
以巧克力筆製作蕾絲巧克力，裝飾出可愛的外觀。

ingredients

材料（直徑18cm的圓形烤模1個份）

[蛋糕體]
可可海綿蛋糕(P.82)

[奶油霜・頂部裝飾]
巧克力甘納許
┌ 鮮奶油（P.97）…400ml
│ 巧克力…100g
└ 白蘭地…1大匙
蕾絲巧克力（P.102）
喜歡的蠟燭（依喜好）

recipe

作法

1　可可海綿蛋糕烘烤完成後放涼，橫向切成三片（P.82至P.83）。

2　製作巧克力甘納許（P.99）。

3　以巧克力筆（裝飾筆）沿著圖案描繪，製作蕾絲巧克力（P.120）。

4　在三片蛋糕之間夾入步驟 **2** 的奶油霜後，再疊合，外圍以奶油霜抹平（P.106）。

5　以花紋刮板於蛋糕側面和上面作出花紋（P.108）。貼上蕾絲巧克力（P.120），再以喜歡的蠟燭裝飾。

布朗尼 (P.54)

將材料混合後烘烤就能完成，是一道初學者也不易失敗的甜點。
塗抹奶油霜之後以美麗的裝飾品妝點，就很適合用來招待或當成禮物。

ingredients

材料（18×18cm的方形烤模1個份）

[蛋糕體]

A ⎡ 巧克力…80g
  ⎣ 無鹽奶油…50g
  砂糖…50g
  蛋（中型）…2個
  蘭姆酒…1小匙

B ⎡ 低筋麵粉…50g
  | 可可粉…30g
  ⎣ 泡打粉…1小匙

[奶油霜・頂部裝飾]
奶油乳酪糖霜（P.96）…150g
薄片巧克力（P.119）…適量
冷凍覆盆子乾、開心果、花生、
胡桃、杏仁…各適量

＊另製作一種在巧克力片上撒冷凍覆盆子乾
　和開心果碎粒的薄片巧克力。

preparation

事前準備（P.81）

蛋回復常溫，材料B混合後過篩。巧克力切成細碎狀（如圖）。
在烤模裡鋪上烘焙紙，烤箱預熱至170℃。

recipe

作法

1　將材料 **A** 倒入調理盆內，以50℃左右的熱水隔水加熱至融化。

2　在步驟 **1** 的調理盆內加入砂糖攪拌均勻，將打散的蛋液分次加入混合攪拌。

3　在步驟 **2** 裡加入蘭姆酒並攪拌。將材料 **B** 篩入盆中混合攪拌，倒入模具內。

4　放進預熱至170℃的烤箱中，烘烤20至25分鐘，從模具上取下放涼。

5　以矽膠刮刀簡單地塗抹上奶油乳酪糖霜之後，分切成小塊。每一塊上放分別裝飾上薄片巧克力或冷凍
　　覆盆子乾、堅果。

棋盤蛋糕 (P.55)

切開的瞬間一定會聽到「好厲害！」的歡呼聲！是一款很有成就感的造型蛋糕。
因為同時烤了兩個蛋糕，成品會頗具厚度。

ingredients

材料（直徑15cm的圓形烤模2個份）＊具有厚度的蛋糕1個份

[蛋糕體]
棋盤蛋糕（P.93）

[奶油霜・頂部裝飾]
喜歡的奶油糖霜（P.94至P.96）…200g
巧克力鏡面（P.118，白色）…200g

recipe

作法

1　製作棋盤蛋糕（P.93）。以保鮮膜包起來放進冰箱裡冷卻1小時。

2　蛋糕上面塗抹奶油霜，外圍以奶油霜抹平（P.106）。

3　將鏡面用巧克力隔水加熱至融化，淋在步驟 **2** 的上面，再以刮平刀將蛋糕上面和側面刮抹均整。
　　（P.118）。靜置至巧克力凝固。

　　＊天氣熱時請放入冰箱保存，食用前放至常溫下回溫後再享用。

糖果屋（P.56）

以磅蛋糕為基底，試著製作令人憧憬的糖果屋吧！
只要以巧克力筆黏上各種甜食即可完成，最適合親子同樂！

材料（18×8.7×6cm的磅蛋糕模1個份）

[蛋糕體]
可可磅蛋糕（P.91）

[奶油霜・頂部裝飾]
巧克力筆（裝飾筆）…適量
喜歡的甜食（市售品）
＊使用了巧克力片、餅乾、巧克力糖等進行裝飾。
　餅乾請選小塊的使用。只要備妥各種圓形和四方形的甜食即可輕鬆組合。

下邊平切、兩邊斜切成三角形。

recipe
作法

1　製作可可磅蛋糕，將烤箱預熱至170℃，烘烤約40至45分鐘之後放涼（P.91）。

2　蛋糕切對半，將其中一半的兩側切掉變成三角形，當成屋頂（如圖）。

3　將三角形的蛋糕疊在四方形的蛋糕上，中間塗巧克力筆黏住。

4　拿巧克力筆當黏著劑貼上各種喜歡的甜食。＊也可以直接使用巧可力筆畫窗戶。

摩卡巧克力淋醬蛋糕（P.57）

淋醬蛋糕是一種以醬汁從上面滴淋垂落為設計的蛋糕。
扎實濃郁的巧克力蛋糕，就以摩卡奶油糖霜來作搭配吧！

ingredients

材料（直徑18cm的圓形烤模1個份）

[蛋糕體]
巧克力蛋糕（P.92）

[奶油霜・頂部裝飾]
摩卡奶油糖霜
┌ 喜歡的奶油糖霜（P.94至P.96）…400g
│ 即溶咖啡…2大匙
│ 熱水…1至2小匙
└ 白蘭地…1大匙
巧克力鏡面（P.118）…200g
咖啡巧克力（市售品）…少許

recipe
作法

1　巧克力蛋糕烘烤完成後（P.92）放涼，橫向切成三片（參照P.83的步驟15）。

2　取出淋面用的奶油糖霜，剩餘的部分加入以熱水沖泡的即溶咖啡、白蘭地後攪拌混合。

3　在三片蛋糕之間夾入步驟 **2** 的摩卡奶油糖霜後，再疊合，外圍以奶油霜抹平（P.106）。放進冰箱裡冷卻1小時以上。

4　將淋面用巧克力隔水加熱至融化（P.118），從蛋糕邊緣一條一條滴淋垂落。剩餘的部分淋在蛋糕上以湯匙塗抹開來（P.119）。

5　將預先取出的奶油糖霜以星形花嘴在蛋糕上面擠出圓形，再以咖啡巧克力作裝飾。

　　＊天氣熱時請放入冰箱保存，食用前放至常溫下回溫後再享用。

Decoration

Lesson 4

Decoration

描繪文字訊息，再塗抹糖霜，

或以食用鮮花、市售的商品……

以教您如何運用各式各樣創意來裝飾蛋糕。

搭配簡單的蛋糕更能襯托出裝飾花樣的美麗。

Happy Birthday

BONJOUR

Thanks you

Merry Christmas

MERCI

BON ANNIVERSAIRE

Piping writing on cakes

文字描繪
→作法請參見P.16

Birthday Cake

生日蛋糕
→作法請參見P.76

Meringues

烤蛋白霜

→作法請參見P.76

Cream Cake
with Meringues

烤蛋白霜裝飾蛋糕
→作法請參見P.77

Cream Cake
with edible flowers

圓形食用花裝飾蛋糕
→作法請參見P.77

Gugelhupf Cake
with edible flowers

咕咕霍夫形食用花裝飾蛋糕
　　→作法請參見P.78

Sprinkles Cupcakes

彩糖裝飾杯子蛋糕
→作法請參見P.78

Cream Cake with Sprinkles

彩糖裝飾蛋糕
　→作法請參見P.79

Icing Drip Cake

淋糖霜蛋糕
→作法請參見P.79

Cream Cake with Topper

頂部裝飾品蛋糕
→作法請參見P.79

冷凍覆盆子乾

香草

餅乾

食用鮮花

堅果類

可食用頂部裝飾材料

只要將食用鮮花、裝飾彩糖和餅乾等市售裝飾材料靈活運用,就能大幅增加裝飾的變化性。
頂部裝飾材料在烘焙材料行或網路商店上都可以購買。食用鮮花則可從百貨公司的超市或網路購買。

巧克力筆(裝飾筆)

巧克力糖

裝飾彩糖

棉花糖

插卡

插旗

蛋糕插牌

蠟燭

各式各樣的裝飾用品

市面上販售的各式各樣的插旗或蠟燭,
是既可愛又色彩繽紛的蛋糕裝飾用品。
一樣一樣地慢慢收集喜歡的款式,也是一種樂趣。

生日蛋糕（P.65）

以巧克力筆在蛋糕中央描繪出Happy Birthday。
選擇簡單的鮮奶油蛋糕更能突顯想要傳達的訊息。

ingredients

材料（直徑18cm的圓形烤模1個份）

[蛋糕體]
海綿蛋糕（P.82）

[奶油霜・頂部裝飾]
鮮奶油（P.97）… 400ml
砂糖…2大匙
巧克力筆（裝飾筆）

recipe

作法

1　海綿蛋糕烘烤完成後，放涼後橫向切成三片（P.82至P.83）。

2　鮮奶油加入砂糖，打至七分發後取出一半，剩下的打至八分發（P.97）。

3　將八分發的奶油霜（P.97）夾入三片蛋糕間後，再疊合，以七分發的奶油霜將外圍抹平（P.106）。
　　＊可依喜好在麵糊中加入果醬或水果。

4　以巧克力筆描繪文字（P.117）。

5　將八分發的奶油霜放入裝有星形花嘴的擠花袋內。外圈以「反轉」；內圈以「點點」各擠一圈（P.101）。

烤蛋白霜（P.66）

擠出蛋白霜後，放進低溫的烤箱中，以慢火烘烤而成的甜點。
輕盈又酥脆的口感、恰到好處的甜度，是容易上癮的美味。

ingredients

材料（容易製作的份量）

蛋白（中型）…35g（約1個）
糖粉…60g
喜歡的色素…少許

recipe

作法

1　蛋白裡面加入糖粉作成基本款蛋白霜（P.112），加入色素染成喜歡的顏色（P.115）。
　　＊不染色，直接烘烤也OK。

2　放入裝有喜歡的花嘴的擠花袋內，擠在鋪著烘焙紙的烤盤上（P.113）。

3　將烤箱預熱至100℃，小型的烘烤2至3小時；大型的烘烤5至6小時（P.113）。
　　＊烘烤至以手指頭挾著就可以輕鬆地從烘焙紙上剝除的程度即完成。烘烤時間會依形狀大小而改變。
　　　若想縮短烘烤時間可將溫度提高到110至120℃，但是低溫烘烤的成色會比較漂亮（特別是淡色系）。

4　放入保存容器或保鮮袋裡，和矽膠乾燥劑一起保存（P.113）。

烤蛋白霜裝飾蛋糕（P.67）

以烤蛋白霜作為頂部裝飾，簡單地裝飾就能讓蛋糕變得可愛。
以數字裝飾當成生日蛋糕，一定能夠博得壽星的歡心。

ingredients

材料（直徑18cm的圓形烤模1個份）

[蛋糕體]
海綿蛋糕（P.82）

[奶油霜・頂部裝飾]
鮮奶油（P.97）…300ml
砂糖… 2大匙
烤蛋白霜（左頁）…適量

recipe

作法

1　海綿蛋糕烘烤完成後，放涼後橫向切成三片（P.82至P.83）。

2　鮮奶油加入砂糖，打至七分發之後取出一半，剩下的打至八分發（P.97）。

3　將八分發的奶油霜（P.97）夾入三片蛋糕間後，再疊合，以七分發的奶油霜將外圍抹平（P.106）。
　　＊依個人喜好，在蛋糕片中間夾進果醬或水果也OK。

4　以烤蛋白霜裝飾。

圓形食用花裝飾蛋糕（P.68）

可食用的玫瑰花輕飄飄地散放著，是一款風格浪漫的蛋糕。
鮮奶油連同玫瑰花醬一起夾進蛋糕當中，每一口都滿溢玫瑰香氣。

ingredients

材料（直徑18cm的圓形烤模1個份）

[蛋糕體]
海綿蛋糕（P.82）

[奶油霜・頂部裝飾]
鮮奶油（P.97）…400ml
砂糖…2大匙
玫瑰花醬… 適量
食用鮮花（P.121）… 適量

recipe

作法

1　海綿蛋糕烘烤完成後，放涼後橫向切成三片（P.82至P.83）。

2　鮮奶油加入砂糖，打至八分發（P.97）。

3　將玫瑰花醬和步驟**2**的奶油霜夾入三片蛋糕間後，再疊合，以七分發的奶油霜將外圍抹平。
　　蛋糕上面塗抹奶油霜，以湯匙的背面，先觸碰再拉起，作出有尖角的花紋（P.108）。

4　最後以食用鮮花裝飾。

玫瑰花醬
大量的玫瑰花加入砂糖和檸
檬汁熬煮而成的果醬。可以
熱水沖泡，或加入紅茶中當
成玫瑰飲品。

咕咕霍夫形食用花裝飾蛋糕（P.69）

在咕咕霍夫模烘烤的磅蛋糕上，以糖霜作裝飾。
頂部放上花朵和香草作成的花冠，打造繽紛感。

ingredients

材料（直徑18cm的咕咕霍夫模1個份）

[蛋糕體]
磅蛋糕（P.91）

[糖霜‧頂部裝飾]
糖粉… 100g
檸檬汁…1至1又1/2大匙
食用鮮花（P.121）…適量

recipe
作法

1　將磅蛋糕烘烤完成後，放涼（P.91）

2　將糖粉與檸檬汁混合，作成糖霜（P.114），放入擠花袋內，從上方開始擠壓，使其自然滴落（P.114）。

3　最後以食用鮮花裝飾。

彩糖裝飾杯子蛋糕（P.70）

只使用一種奶油霜也OK；兩種以上則可以作出漂亮的白色漸層。
裝飾彩糖的形狀與顏色能帶來變化，盡情地嘗試各種不同的裝飾吧！

ingredients

材料（直徑7cm的馬芬模6至8個份）

[蛋糕體]
從下列三種當中選擇喜歡的類型
海綿蛋糕麵糊的杯子蛋糕（P.82）
奶油杯子蛋糕＜馬芬＞（P.86）
植物油杯子蛋糕＜馬芬＞（P.87）
＊推薦海綿蛋糕麵糊的杯子蛋糕，放進冰箱冷藏也不會變硬。

[奶油霜‧頂部裝飾]
喜歡的奶油糖霜（P.94至P.95）、打至八分發的鮮奶油（P.97）、糖霜（P.114）…各適量
裝飾彩糖（P.74）…少許

recipe
作法

1　烤好作為基底的杯子蛋糕，放涼。

2　將奶油糖霜、鮮奶油或糖霜抹在蛋糕上方，並以湯匙簡單地塗抹開來。

3　放上以各種彩糖作裝飾。

彩糖裝飾蛋糕（P.71）
頂部裝飾蛋糕（P.73）

純白色的蛋糕上面僅使用彩糖裝飾，散發出時尚感。
搭配插旗等頂部裝飾品，搖身一變為適合派對的歡樂風蛋糕。

ingredients
材料（直徑18cm的圓形烤模1個份）

[蛋糕體]
海綿蛋糕（P.82）

[奶油霜・頂部裝飾]
鮮奶油（P.97）…300ml
砂糖…2大匙
裝飾彩糖及喜歡的頂部裝飾品（依喜好）

recipe
作法

1 海綿蛋糕烘烤完成後，放涼後橫向切成三片（P.82至P.83）。

2 鮮奶油加入砂糖，打至七分發之後取出一半，剩餘的部分打至八分發（P.97）。

3 將八分發的奶油霜（P.97）夾入三片蛋糕間後，再疊合，以七分發的奶油霜將外圍抹平（P.106）。
   ＊將鮮奶油換成奶油糖霜（P.94至P.96），連同果醬或水果一起作成夾心也很好吃。

4 以彩糖及喜歡的頂部裝飾品作裝飾。

淋糖霜蛋糕（P.72）

粉紅色的奶油霜配上粉紅色糖霜製作而成的可愛風蛋糕。
滴淋裝飾的重點在於從蛋糕邊緣一條一條地滴落而下。

ingredients
材料（直徑12cm的圓形烤模2個份）＊具有厚度的蛋糕

[蛋糕體]
奶油蛋糕（P.84）

[奶油霜・頂部裝飾]
喜歡的奶油糖霜（P.94至P.96）… 400g
＊製作時不加入洋酒、牛奶。
檸檬汁… 1大匙
蒸餾酒（P.125）… 1大匙
覆盆子果醬… 5小匙

糖霜
┌ 糖粉…100g
└ 檸檬汁…1大匙至1又1/2大匙
喜歡的色素…少許
喜歡的插卡（依喜好）

recipe
作法

1 奶油蛋糕分別烘烤完成（P.84）後放涼，各橫切成三片（參照P.83的作法15）。

2 奶油糖霜裡加進檸檬汁、蒸餾酒後攪拌均勻，加入色素染成粉紅色（P.115）。

3 將步驟2的奶油霜塗在蛋糕上，再抹以覆盆子果醬，疊上另一片蛋糕。
   重複步驟將六片蛋糕疊好，外圍以奶油霜抹平（P.106），放進冰箱冷藏1小時以上。

4 將糖粉與檸檬汁混合，作成糖霜（P.114），加入色素染成粉紅色（P.115）。

5 將步驟4的糖霜從步驟3的蛋糕邊緣一條一條地滴淋，剩下的糖霜放在上面以湯匙塗抹開來（P.114）。
   以喜歡的插卡作裝飾。

Lesson 5
基本作法

以下將更進一步介紹本書的

蛋糕基本食譜及裝飾技巧。

從蛋糕麵糊、奶油霜的擠法、蛋白霜、糖霜……

均附有詳細圖解和解說，

製作前請務必詳閱說明。

製作蛋糕的事前準備

準備模具、烤箱預熱……
以下將統整製作前須注意的基本準備事項。

模具的準備（鋪烘焙紙、塗奶油或植物油）

為了使蛋糕體容易脫模，請先鋪上烘焙紙。
若烤模的形狀複雜，難以鋪墊烘焙紙，則可塗上奶油或植物油。

圓形烤模

依模具底部的直徑裁切烘焙紙。側面裁成
稍微高出烤模的高度（準備兩張以便調整
長度）。

方形烤模、磅蛋糕模

配合模具的形狀壓出壓痕，將四角的褶縫
剪開後再摺起。

撒完麵粉後
將濾杓倒過來
敲下濾杓上的餘粉

塔模、咕咕霍夫……

以刷子薄薄地塗上奶油或植物油（邊緣的部分要塗滿）。再以濾杓薄薄地撒上一層高
筋麵粉，即可完美脫模。因奶油遇熱會融化，請放入冰箱冷藏。

準備材料（回復常溫／冷藏至使用前／粉類過篩）

將食譜裡標註「回復常溫」的材料從冰箱裡取出置於常溫下。冰冷的狀態下直接加進麵糊
中，會產生油水分離的狀態，並且使麵糊的溫度下降，而導致蛋糕烘烤失敗。打發時，蛋
白在使用之前須低溫冷藏，才能作出質地細緻的蛋白霜。

奶油、奶油乳酪

使用前回溫至以指頭可以輕鬆壓入
的軟硬度。若來不及回溫，則可切
成小塊，以40℃的熱水隔水加熱或
以微波爐的加熱融化。請注意：奶
油完全融化後就無法還原，不可加
熱過度。

融化奶油

使用前回復常溫（如左），以隔水
加熱或微波爐加熱融化。注意若微
波爐的溫度太高，會使奶油噴濺。
使用前請保溫。

粉類

粉類要從15至20cm的高度篩落。
目的在於去除粉塊，使其蓬鬆充滿
空氣。麵粉混入可可粉等調味粉類
時，為了混合均勻，請將所有粉類
一併過篩。

> _point_
>
> **烤箱預熱**
>
> 使用之前必須要預熱，
> 到達預定溫度之後等十
> 分鐘再使用。尤其氣溫
> 較低的季節更要確實預
> 熱，開關烤箱的時間也
> 要盡可能縮短。

蛋糕體 ： 海綿蛋糕

柔軟蓬鬆又濕潤的海綿蛋糕，
不論與鮮奶油或奶油糖霜都相當地合拍。

ingredients

材料（圓形或18×8.7×6cm的磅蛋糕模 1 個份）

	直徑12cm	磅蛋糕模 直徑15cm	直徑18cm
蛋（中型）	1個	2個	3個
砂糖	30g	60g	90g
牛奶	1小匙	2小匙	1大匙
低筋麵粉	30g	60g	90g
無鹽奶油（融化後的）	10g	20g	30g

※圖為直徑18cm的材料

＜可可海綿蛋糕＞　※材料&作法與海綿蛋糕相同

（直徑15cm）低筋麵粉改為40g，與可可粉10g一起過篩。無鹽奶油改為15g。
（直徑18cm）低筋麵粉改為50g，與可可粉15g一起過篩。無鹽奶油改為20g。

＜海綿蛋糕麵糊的杯子蛋糕＞　※材料&作法與海綿蛋糕相同

上列的直徑15cm的份量，可作出直徑7cm的馬芬蛋糕模6至8個份。
在烤模裡鋪上馬芬蛋糕杯，將麵糊平均地倒入。放進預熱至170℃的烤箱中，烘烤約20至25分鐘。
放進冰箱冷藏也不會硬化，以鮮奶油作裝飾時推薦此蛋糕體。

preparation

事前準備（P.81）

蛋回復常溫，烤模裡鋪上烘焙紙，烤箱預熱至170℃。

recipe

作法

＜全蛋裡混入砂糖＞	＜隔水加熱並打發＞	

1	**2**	**3**
將全蛋打入調理盆中，加入砂糖，以手持式攪拌機輕輕地混合。	平底鍋裡加水之後，開火加熱至50℃左右，一邊以溫度計測量。	將步驟**1**的調理盆放在步驟**2**的平底鍋上，隔水加熱，同時以手持式攪拌機打發蛋液。 ＊一邊加溫，一邊打發。

＜從熱水鍋上取下＞

4

將蛋液打至約人體溫度（36℃左右）後，從熱水鍋上取下，再將蛋液徹底打發。

＊打至打蛋器拉起時，蛋液會緩慢滴落，且有如緞帶一般重疊的程度。

＜放入牛奶混合＞

5

加入牛奶，充分混合均勻。

＜篩入麵粉混合＞

6

篩入一半份量的低筋麵粉。

7

以打蛋器約略打至粉末消失的程度。

8

將剩下的低筋麵粉篩入，以矽膠刮刀從底部以切拌的方式徹底混合至粉末消失的程度。

9

以繞圈的方式加入融化的奶油。

10

以矽膠刮刀從底下刮起往上翻拌，混合均勻。

＊由於奶油容易往下沉澱，為了避免打不均勻，請徹底地從底下往上翻拌。

＜倒入烤模＞

11

倒入烤模內，將烤模提至10至20cm的高度再輕輕落下，消除氣泡。

＜烘烤＞

12

放入預熱至170℃的烤箱，烘烤至蛋糕中央按下會有彈性的程度，便大功告成了。

＊烘烤時間為直徑12cm/20分，15cm/25分，18cm/30分。

＜從烤模取下＞

13

蛋糕上面以烘焙紙墊著再移到蛋糕冷卻架上，將烤模倒扣。

14

從蛋糕從烤模裡取出，連同烘焙紙放在蛋糕冷卻架上放涼。

＊保存時連同烘焙紙一起以保鮮膜包覆後，放入冰箱內冷藏（可保存約兩天）。

15

將蛋糕切成薄片。厚度有指定時，可以符合高度的木條、牙籤等標記出基準線後切割，就能切出均一的厚度。

蛋糕體 ： 奶油蛋糕

質地濕潤且風味絕佳，跟同樣加入奶油的磅蛋糕相比，
口感稍微輕盈一些。

ingredients

材料（圓形烤模 1 個份）

	直徑12cm	直徑15cm	直徑18cm
無鹽奶油	60g	120g	180g
砂糖	75g	150g	225g
鹽	1小撮	1小撮	1/3小匙
蛋（中型）	1個	2個	3個
A 低筋麵粉	90g	180g	270g
A 泡打粉	1小匙	2小匙	1大匙
B 牛奶	60ml	120ml	180ml
B 原味優格	30g	60g	90g

※圖為直徑18cm的材料

preparation

事前準備（P.81）

奶油、蛋、牛奶、優格皆回復至常溫。材料 A 混合後過篩。
烤模裡鋪上烘焙紙，烤箱預熱至170℃。

recipe

作法

<奶油裡混入
　砂糖和鹽>

1

在調理盆內放入奶油，以矽
膠刮刀攪拌至至光滑，加入
砂糖和鹽。

2

以打蛋器或手持式攪拌機打
發至變白。

<放入蛋液混合>

3

將蛋液打散之後，一點一點
地加入步驟 **2** 裡，一邊加一
邊攪拌。

＊一口氣加入會導致油水分離，請
　多加注意。

<放入麵粉、
　牛奶、優格混合>

4

篩入一半份量的材料 **A**，以
矽膠刮刀混合至粉末消失。

<**倒入烤模&烘烤**>

5
加入一半份量的材料**B**，充分混合至變得光滑為止。

6
篩入剩下的材料**A**並混合至粉末消失，加入剩下的材料**B**混合至變得光滑為止。

7
倒入烤模內，放進預熱至170℃的烤箱烘烤。
＊烘烤時間為直徑12cm/35至40分，15cm/40分至45分，18cm/45分至50分。

8
將蛋糕從烤模裡取出，連同烘焙紙放在蛋糕冷卻架上冷卻。

蛋糕體 ： 漸層蛋糕
· ·

是一款話題性十足的彩色漸層蛋糕。
將奶油蛋糕的麵糊染色後重疊起來就能簡單完成。

recipe
作法

1
依照奶油蛋糕（P.84）的步驟**1**至**6**製作麵糊，秤量之後分成五等分。

2
將食用色素加水溶解之後，一點點地進麵糊裡，染成喜歡的顏色（P.115）。

3
其中一個不染色，以能形成漸層的方式染出其他四色。

4
將麵糊倒入烤模，烤箱預熱至170℃各烤大約20至25分鐘。
＊使用多個模具一起烤可以減少次數。

5
放涼後，將蛋糕各橫切為1.5cm的厚度。

6
在五片蛋糕之間夾入奶油霜，再疊合。

蛋糕體 ： 奶油杯子蛋糕（馬芬）

使用香氣濃郁的奶油作基底的杯子蛋糕。因為放進冰箱冷藏就會變硬，建議擠花時使用奶油糖霜等可以在常溫下保存的類型。

ingredients

材料（直徑7cm的馬芬模 6 個份）

	無鹽奶油	60g
	砂糖	80g
	鹽	1小撮
	蛋（中型）	1個
A	低筋麵粉	120g
	泡打粉	1小匙
	牛奶	70ml

preparation

事前準備（P.81）

奶油、蛋、牛奶回復至常溫，
材料A混合之後過篩。
烤模裡鋪上馬芬杯，烤箱預熱
至170℃。

recipe

作法

＜奶油裡混入砂糖和鹽＞

1

在調理盆內放入奶油，以矽膠刮刀攪拌至至光滑，加入砂糖和鹽。

2

以打蛋器或手持式攪拌機打發至變白。

＜放入蛋混合＞

3

將蛋液打散之後，一點一點地加入，一邊加一邊攪拌。
＊一口氣加入會導致油水分離，請特別注意。

＜放入麵粉＆牛奶混合＞

4

篩入一半份量的材料A，以矽膠刮刀混合。

＜倒入烤模裡烘烤＞

5

粉末消失之後，加入一半份量的牛奶，充分混合至變得光滑為止。

6

篩入剩下的材料A並混合至粉末消失，加入剩下的牛奶混合至變得光滑為止。

7

以湯匙舀取麵糊，平均地倒入烤模內。

8

放進預熱至170℃的烤箱，烘烤大約20至25分鐘。

蛋糕體

植物油杯子蛋糕（馬芬）

輕盈、柔軟又蓬鬆的杯子蛋糕。加入黃砂糖和優格可使風味更佳。
比起一般杯子蛋糕，較不容易冷藏後變硬，因此以鮮奶油裝飾也
OK。

材料（直徑7cm的馬芬模6個份）

蛋（中型）	1個
黃砂糖	80g
植物油	60g（70ml）
A 無糖優格	50g
牛奶	50ml
B 低筋麵粉	120g
泡打粉	1小匙

preparation

事前準備（P.81）

蛋、牛奶回復至常溫，材料B
混合之後過篩。
烤模裡鋪上馬芬杯，烤箱預熱
至170℃。

recipe

作法

＜蛋裡混入砂糖＞

1

將蛋打入調理盆內，以手持式攪拌機打
散，加入黃砂糖後攪拌。

＜放入植物油混合＞

2

一點一點地加入植物油，一邊加一邊攪
拌。

＜放入牛奶＆優格混合＞

3

加入材料A，攪拌至變得光滑為止。

＜放入麵粉混合＞

4

篩入材料B並混合至粉末消失。

＜倒入烤模裡烘烤＞

5

以湯匙舀取麵糊，平均地倒入烤模內。

6

放進預熱至170℃的烤箱中，烘烤大約
20至25分鐘。

Lesson 5／蛋糕體 87

蛋糕體 : 塔（杏仁塔）

鬆鬆脆脆，含有大量奶油的塔皮麵糊。填入杏仁奶油霜後，
一起烘烤，再放上喜歡的水果作裝飾。

ingredients

材料（直徑18cm的塔模一個或直徑12cm的塔模3個份）

<塔皮麵糊>

無鹽奶油	75g	
糖粉	50g	
蛋黃（中型）	1個	
A	低筋麵粉	110g
	杏仁粉	15g
	鹽	1小撮

<杏仁奶油霜>

無鹽奶油	60g	
砂糖	60g	
蛋（中型）	1個	
B	低筋麵粉	20g
	杏仁粉	60g
	蘭姆酒	1大匙

<塔皮麵糊>

<杏仁奶油霜>

preparation

事前準備（P.81）

奶油回復至常溫，直至變軟，材料**A**與**B**各自混合之後過篩兩次。
烤模裡薄薄地塗上一層奶油或植物油。

recipe

作法

<製作塔皮麵糊>

1

將奶油放入調理盆內，以矽膠刮刀充分翻拌至呈現乳霜狀為止。

2

加入糖粉並繼續混合至變得光滑，再加入蛋黃混合至變得光滑。

3

篩入一半份量的材料**A**，以矽膠刮刀攪拌至粉末消失。

4

篩入剩下的材料**A**並混合至粉末消失，將麵糊集中成一團。

<讓麵糊休息>

5

將麵團攤平後，以保鮮膜包起來，放入冰箱休息一小時。
＊休息可以讓麵糊裡面含有的粉類、水分和油分等充分融合並穩定下來。

<塑型>

6

在板子和麵團的兩面撒上適量高筋麵粉（份量外）。

＜鋪進烤模裡＞

7

以擀麵棍將麵團一邊轉，一邊擀平，作成一片直徑比塔模大一圈、厚度5mm的圓形麵皮。

＊長時間放在冰箱冷藏的情況下麵團會變硬，先在室溫下放置一會兒再進行作業。＊作業時行動要迅速，麵團一旦變軟就要再放進冰箱裡冷藏休息。

8

將麵皮填壓進烤模裡，使其緊緊貼附。

9

以擀麵棍在烤模上滾壓，切除多餘的麵皮。

＊將切下來的麵皮揉成一團再擀成厚度5mm的麵皮，作成喜歡的形狀之後烘烤就變成餅乾（以170℃烤15至20分鐘）。

＜製作杏仁奶油霜＞

10

以指腹沿著邊緣按壓麵皮，按壓至稍微突出烤模的程度。放進冰箱冷藏超過30分鐘以上。

＊烤過之後會稍微縮小，所以要作成稍微突出烤模的高度。休息可以防止麵皮烤過之後大幅縮小。

11

將奶油放入調理盆內，以矽膠刮刀充分翻拌至呈現乳霜狀為止。

12

加入砂糖，以打蛋器或手持式攪拌機打發至輕盈而飽含空氣且變白的程度。

13

將蛋液打散之後，一點一點地加入，一邊加一邊攪拌。

＊將含有油脂的奶油和含有水分的蛋一口氣混合會導致油水分離，須要一點一點地加入攪拌。

14

篩入材料**B**，混合至變得光滑為止。

15

加入蘭姆酒，以矽膠刮刀攪拌至變得光滑為止。

＜烘烤＞

16

將步驟**15**的杏仁奶油霜填進步驟**10**的塔皮裡。

17

放進預熱至170℃的烤箱裡烘烤。

＊烘烤時間為12cm/30至35分，18cm/40至45分。

18

直接在烤模內放涼後，放在烤盅等比較有高度的容器上，再從模具中取下來。

蛋糕體 ┊ 小圓塔

塔皮麵糊與P.88的相同，使用不同模具就能瞬間改變印象。
以塔圈烤出來的小圓塔，容易食用的小巧外型很令人開心。

ingredients

材料（直徑10cm的塔圈3個份）

<塔皮麵糊>

無鹽奶油	75g
糖粉	50g
蛋黃（中型）	1個
低筋麵粉	110g
杏仁粉	15g
鹽	1小撮

（A：低筋麵粉、杏仁粉、鹽）

preparation

事前準備（P.81）

奶油回復至常溫、放到變軟，材料A混合之後過篩兩次。烤模裡薄薄地塗上一層奶油或植物油（皆為份量外）。

recipe

作法

<塔皮製作並塑型>

1

依照P.88 的步驟**1**至**5**製作麵皮，分成三等分。在板子和麵團的兩面撒上適量高筋麵粉（份量外）。以擀麵棍將每片麵團一邊轉，一邊擀平，作成直徑比塔圈大一圈的圓形麵皮。

<鋪進烤模裡>

2

將麵皮填壓進烤模裡，使其緊緊貼附。

3

以擀麵棍在烤模上滾壓，切除多餘的麵皮。

<烘烤>

4

以指腹沿著邊緣按壓麵皮，按壓至稍微突出烤模的程度。放進冰箱冷藏超過30分鐘以上。

5

將步驟**4**放在鋪著烘焙紙的烤盤上，塔皮上再鋪鋁箔紙（又或是烘焙紙），放上重石。

6

放進預熱至170℃的烤箱，烘烤15分鐘，取出重石後，再烘烤5至10分鐘。直接在烤模裡放涼。

＊烘烤至一半的塔皮還很柔軟，取下重石的動作要輕巧。

蛋糕體 : 磅蛋糕

因奶油、砂糖、蛋、麵粉的使用份量幾乎相同（各一磅）而得名，
是一種質地濕潤且香味濃郁的蛋糕。製作訣竅在於，奶油裡加入砂
糖後徹底打發，再一點一點地加進蛋液。

ingredients
材料

※圖為C的材料

A：18×8.7×6 cm的磅蛋糕模1個份
B：直徑15cm的圓形烤模1個份
C：直徑18cm的咕咕霍夫烤模1個份

	A	B	C
無鹽奶油	100g	120g	150g
砂糖	100g	120g	150g
蛋（中型）	2個	2個	3個
A 低筋麵粉	100g	120g	150g
A 泡打粉	1小匙	1小匙	1又1/2小匙
喜歡的洋酒	1大匙	1大匙	1又1/2大匙

＜可可磅蛋糕＞
※材料及製作方法與磅蛋糕相同。
（A）低筋麵粉改為80g，跟可可粉15g一起過篩。
（B）低筋麵粉改為90g，跟可可粉20g一起過篩。

preparation
事前準備（P.81）

奶油、蛋回復至常溫，材料A混合之後過篩。
烤模裡鋪上烘焙紙（咕咕霍夫烤模則薄薄地塗上一
層奶油再撒上一層高筋麵粉，烤箱預熱至170℃。

recipe
作法

＜奶油裡混入砂糖＞

1
將奶油放入調理盆內，以矽
膠刮刀翻拌至變得光滑為
止。

2
加入砂糖，以打蛋器或手持
式攪拌機徹底打發至變白。

＜放入蛋混合＞

3
將蛋液打散之後，一點一點
地加入，一邊加一邊攪拌。
＊一口氣加入會導致油水分離，請
　特別注意。

＜放入麵粉＆洋酒混合＞

4
篩入一半份量的材料A並混
合。

＜倒入烤模裡烘烤＞

5
混合至粉末消失之後，篩入
剩下的材料A並翻拌至變
得光滑為止，再加入洋酒混
合。

6
倒入烤模（圖為咕咕霍夫
模），放進預熱至170℃的
烤箱裡烘烤。
＊烘烤時間為 A/40至45分，B/35
　至40分，C/40至50分。

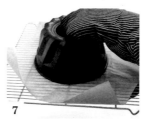

7
將墊在烘焙紙蛋糕上，再移
至蛋糕冷卻架上，將烤模倒
扣（以咕咕霍夫模烘烤時，
要等熱度稍退之後再取下
比較不容易碎裂）。

8
在蛋糕冷卻架上放涼（以
烘焙紙時不用剝除直接放
涼）。

蛋糕體 ： 巧克力蛋糕

質地濕潤且味道濃厚的巧克力蛋糕，具有令人上癮的美味。
因為混合的順序較為複雜，請依食譜製作。

ingredients

材料（圓形烤模1個份）

	直徑15cm	直徑18cm
可可粉	90g	120g
熱水	120ml	160ml
牛奶	50mll	75mll
A 低筋麵粉	100g	150g
泡打粉	2小匙	1大匙
砂糖	90g	120g
無鹽奶油	150g	200g
蛋（中型）	2個	3個

※圖為直徑15cm的材料

preparation

事前準備（P.81）

奶油、牛奶、蛋回復至常溫（注意加入的奶油若太硬會導致材料不易混合），材料A混合之後過篩。烤模裡鋪上烘焙紙，烤箱預熱至170℃。

recipe

作法

<可可粉與熱水、牛奶混和>

1
將可可粉與熱水放入調理盆內，以打蛋器攪拌至變得光滑後，加入牛奶。

2
攪拌至結塊消失之後，放涼至接近室溫。

<蛋液裡混入一部分的可可漿>

3
以另一個調理盆將蛋打散，加入1/4份量的步驟**2**混合。
＊一口氣加入會導致油水分離，請少量少量地加入混合，較容易混合均勻。

<麵粉裡混入奶油>

4
將材料**A**篩入另一個調理盆並混合，加入奶油攪拌至至光滑。
＊使用回復至常溫的奶油，慢慢加入麵粉裡，攪拌至變得光滑為止。

<加入可可漿混合>

5
攪拌至粉末消失，加入剩下的步驟**2**並充分混合。

<加入混有蛋液的可可漿一起混合>

6
將步驟**5**一點一點地加進步驟**3**中，混合均勻。

<倒入烤模裡烘烤>

7
倒入烤模裡。

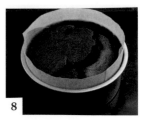

8
放進預熱至170℃的烤箱，烘烤20分鐘，再降至160℃，烘烤20至30分鐘。
＊即使烤模的尺寸不同，烘烤時間也沒有差別。

蛋糕體 ┊ 棋盤蛋糕

由奶油磅蛋糕與可可磅蛋糕交錯組合而成，斷面呈現格子花紋。
稍費功夫就能享受到手作的樂趣，請一定要挑戰看看！

ingredients

材料（直徑15cm的圓形烤模各1個份）＊具有厚度的蛋糕

＜磅蛋糕＞

無鹽奶油	120g
砂糖	120g
蛋（中型）	2個
低筋麵粉	120g
泡打粉	1小匙
君度橙酒（P.125）	1大匙

＜可可磅蛋糕＞

無鹽奶油	120g
砂糖	120g
蛋（中型）	2個
低筋麵粉	90g
可可粉	20g
泡打粉	1小匙
君度橙酒（P.125）	1大匙

＜餡料＞

杏桃果醬	180g
君度橙酒（P.125）	1至2大匙

recipe

作法

＜蛋糕烤好後切成薄片＞

1

製作奶油磅蛋糕、可可磅蛋糕的麵糊，放進預熱至170℃的烤箱中，烘烤35至40分鐘後取出放涼（P.91），橫向切成厚度1.5cm的薄片（參照P.83的作法 **15**）。

＜準備厚紙＞

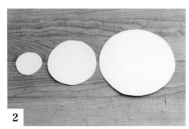

2

以圓規在厚紙上畫出直徑各為3.5cm、7.5cm、11cm的圓形並裁切下來。

＜切取蛋糕＞

3

將步驟**2**的紙型依照大小順序墊在切成薄片的蛋糕上，再切取下來。

＜組裝起來＞

4

將切取下來的蛋糕以顏色交錯的方式組合起來。

5

如圖所示，組合出顏色交錯的6片蛋糕。

6

將杏桃果醬與君度橙酒混合之後加熱，以毛刷塗抹在蛋糕的表面，並以顏色交錯不重複的方式堆疊蛋糕切片。

奶油霜　　奶油糖霜

一般認為以奶油製成的奶油霜不夠好吃，但其實只要嚴謹地製作，就能作出香醇濃郁，令人一再回味的奶油霜。硬度、顏色、味道與甜度會隨著作法改變而有所不同，請依用途和喜好作選擇。

奶油糖霜 1

奶油糖霜（瑞士蛋白霜）

以隔水加熱後打發的瑞士蛋白霜製成的奶油糖霜。特徵是輕盈卻又具有穩定性。

ingredients

材料（容易製作的份量／完成品約400g）

蛋白	100g
糖粉	125g
無鹽奶油	200g
喜歡的洋酒	2小匙

preparation

事前準備（P.81）

奶油回復至常溫（注意，加入的奶油若太硬會導致材料不易混合）。

recipe

作法

1

將蛋白與糖粉放入調理盆內，以打蛋器輕輕地打發。
＊一開始就以手持式攪拌機會打發過度，會導致溫度不易上升，因此請先以打蛋器約略攪拌。

2

在平底鍋裡煮沸熱水，將步驟**1**隔水加熱至60℃左右，一邊以溫度計測量。
＊一邊加溫，一邊打發。

3

從熱水鍋上取下，以手持式攪拌機徹底地打發5分鐘，直至出現光澤。
＊蛋白霜可以拉出尖尖的角就完成了。

4

在步驟**3**裡加入2至3大匙的奶油，一邊加一邊攪拌。
＊一次加入會油水分離，所以要一點一點地加入。

5

加入洋酒之後混合。

6

大功告成！
＊放進密封容器裡，天氣熱的季節請放進冰箱冷藏保存。回復常溫之後再使用。

奶油糖霜 2

奶油糖霜（義式蛋白霜）

....

為奶油糖霜當中口感最輕盈且清爽的一種。
擁有極佳的穩定性，但製作上需要稍費功夫。請準備可測量100℃以上的溫度計。

ingredients

材料（容易製作的份量／完成品約480g）

水	45ml
白砂糖a	120g
蛋白	60g
白砂糖b	10g
無鹽奶油	300g
喜歡的洋酒	2小匙

preparation

事前準備（P.81）

奶油回復常溫。
蛋白預先冰藏。

recipe

作法

1

製作糖漿。在鍋裡加入水和白砂糖**a**後，開火煮至砂糖融化，時不時搖晃一下鍋子。

2

製作糖漿的同時，在蛋白裡加入白砂糖**b**，以手持式攪拌機徹底打發至可以拉出尖角的狀態。

3

糖漿的溫度到達115℃至116℃後離火。

4

從步驟**2**的調理盆邊緣一點一點地加入步驟**3**，以手持式攪拌機混合。
＊シロップは熱いのでやけどに注意。

5

糖漿整個倒完之後，繼續打發直至出現光澤且可以拉出尖角的程度。

6

將奶油放入別的調理盆內，以手持式攪拌機打發至變成鬆軟的狀態。

7

將步驟**5**的蛋白霜分5至6次加入步驟**6**裡面，以矽膠刮刀翻拌至變得光滑為止。

8

最後加入洋酒混合。

9

大功告成！
＊放進密封容器裡，天氣熱的季節請放進冰箱冷藏保存。回復常溫之後再使用。

奶油糖霜 3
奶油糖霜（簡易）
. . . .
風味強烈而有深度。因為形狀維持度較低，擠在側面時很容易滑落變形。

ingredients
材料（容易製作的份量／完成品約250至300g）

無鹽奶油	100g
糖粉	150至200g
喜歡的洋酒	1小匙
牛奶	1大匙

＊糖粉的量少於150g時作出來的奶油霜硬度會很軟，請注意。

preparation
事前準備（P.81）

奶油、牛奶回復常溫。

recipe
作法

   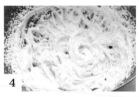

1
將奶油放入調理盆內，以手持式攪拌機打發至變成鬆軟的狀態。

2
在步驟 **1** 裡，加入糖粉、洋酒、牛奶，以矽膠刮刀翻拌至整體融合的程度。
＊初始就以手持式攪拌機攪打，會導致材料噴濺，因此要先以矽膠刮刀翻拌至整體融合的程度。

3
以手持式攪拌機徹底打發3至4分鐘。
＊天氣熱的季節請將盆底以冰水冰鎮，一邊調整溫度，一邊打發至適當的硬度。

4
大功告成！
＊放進密封容器裡，天氣熱的季節請放進冰箱冷藏保存。回復常溫之後再使用。

奶油糖霜 4
奶油乳酪糖霜
. . . .
使用奶油和奶油乳酪製作而成。帶有酸味的乳霜狀質地，口感圓潤滑順。

ingredients
材料（容易製作的份量／完成品約150g）

無鹽奶油	80g
糖粉	60g
奶油乳酪	50g

preparation
事前準備（P.81）

奶油、奶油乳酪回復常溫。

recipe
作法

   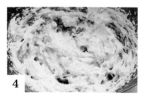

1
將奶油和糖粉放入調理盆內，以矽膠刮刀翻拌至變得光滑為止。
＊初始就以手持式攪拌機攪打，會導致材料噴濺，因此要先以矽膠刮刀翻拌至整體融合的程度。

2
以手持式攪拌機打發至變成鬆軟的狀態。

3
將打至光滑狀的奶油乳酪加進步驟 **2** 裡，繼續打發。

4
大功告成！
＊放進密封容器裡，天氣熱的季節請放進冰箱冷藏保存。回復常溫之後再使用。

奶油霜 ⋮ 鮮奶油

將鮮奶油打發成輕盈細密的鮮奶油霜，作成廣受喜愛的牛奶風味。
依步驟學會打發的基本技巧吧！

ingredients

材料（容易製作的份量）

鮮奶油	200ml
砂糖	1至2大匙

recipe

作法

1 將鮮奶油和砂糖放入調理盆內，盆子底下以冰水冰鎮。
＊砂糖可視情況添加。溫度一上升立刻就會乾裂分離，請注意維持低溫。

2 以手持式攪拌機打發至變成喜歡的硬度（如下列）。
＊打至輕盈飽含空氣的狀態。要注意打發過度會油水分離。

＜七分發＞
柔軟而不容易拉出尖角。

＜八分發＞
能拉出明顯的尖角。

＜九分發＞
呈凝固狀，乳霜會卡進打蛋器中間的程度。

關於鮮奶油

從牛奶中分離出乳脂成分後濃縮而成。包裝上標示為「鮮奶油」的商品，是指內容物僅使用原料為牛奶的乳脂製作而成。（除此之外的商品不是加入添加物，就是含有動物性脂肪之外的脂肪成分）。動物性脂肪製成的奶油霜雖然風味與口味俱佳，但較難以製作。脂肪成分的比例約在35至47％之間，濃度愈高味道愈濃郁，愈低則愈清爽。脂肪成分過高容易乾裂；過低則太過柔軟不適合用來擠花。比例在38至42％之間的平衡度最佳且容易處理。

奶油霜 ：檸檬糖霜

檸檬奶油霜的酸甜滋味令人驚艷！
填進塔皮裡、塗在蛋糕中間……有著各式各樣不同的使用方法呢！

ingredients

材料（容易製作的份量）

	水滴裱花蛋糕（P.16）	各式各樣擠花的檸檬塔（P.43）
蛋黃（中型）	4個	6個
砂糖	70g	100g
低筋麵粉	40g	60g
牛奶	180ml	270ml
無鹽奶油	30g	45g
檸檬汁	40至50ml	60至70ml

※圖為水滴裱花蛋糕的材料

recipe

作法

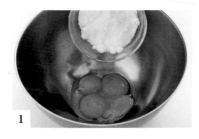

1

在調理盆裡放進蛋黃再加入砂糖，以打蛋器徹底打發。

2

打到變白之後加入低筋麵粉，攪打至變得光滑為止。

3

小鍋裡倒入牛奶後開小火，煮至微微冒泡的狀態後離火。

4

將步驟**2**一點一點地加進步驟**3**裡，混合均勻。

5

將步驟**4**以濾杓過濾回小鍋裡。

6

鍋子再度以小火加熱，以矽膠刮刀由底下往上充分翻拌醬汁，直至呈現濃稠狀為止。

7

整體變濃稠後，繼續加熱並翻拌大約30秒，熄火並加入奶油，混合至融化。

8

裝進托盤裡以保鮮膜密封，放入冰箱冷藏。

9

放入調理盆內攪拌至變得光滑，一點一點地加進檸檬汁，一邊加一邊攪拌。

奶油霜 ： 甘納許

是一款以鮮奶油為底的巧克力奶油霜，質地柔軟滑順且口感輕盈。

ingredients

材料（容易製作的份量）

鮮奶油（P.97，脂肪成分40%以下）	200ml
巧克力	50g
白蘭地	1/2大匙

＊請依各使用頁所標示的份量製作。

preparation

事前準備（P.81）

將巧克力細切為碎片
（或使用巧克力片）

recipe

作法

1 鍋裡倒入鮮奶油後開火，快要沸騰時熄火，加入巧克力。

2 以矽膠刮刀攪拌至巧克力融化。若無法融化則改以最小火，一邊加熱一邊攪拌至融化。

3 巧克力融化之後，混入白蘭地，待溫度稍降就放進冰箱冷藏。

4 調理盆底下以冰水冰鎮，打發至喜歡的硬度。
＊塗抹和擠花所使用的硬度不一樣。注意打發過度會導致油水分離。

奶油霜 ： 巧克力鮮奶油

以奶油和巧克力為底的奶油霜，具有濃郁而醇厚的風味。

ingredients

材料（容易製作的份量）

鮮奶油（P.97）	100ml	無鹽奶油	30g
巧克力	150g	白蘭地	1/2大匙

＊請依各使用頁所標示的份量製作。

preparation

事前準備（P.81）

將巧克力細切為碎片
（或使用巧克力片）

recipe

作法

1 鍋裡倒入鮮奶油後開火，快要沸騰時熄火，加入巧克力。

2 以矽膠刮刀攪拌讓巧克力融化。若無法融化則改以最小火，一邊加熱一邊攪拌至融化。

3 巧克力融化之後，趁熱加入奶油混合至融化。

4 加入白蘭地混合，待溫度稍降就放進冰箱冷藏。
＊放進密封容器裡，天氣熱的季節請放進冰箱冷藏保存。回復常溫之後再使用。

奶油霜
擠法

準備擠花袋

使用奶油霜作擠花之前，首先要將擠花袋準備好。擠花袋分為可重複使用的布製和使用過即丟的塑膠製兩種。擠花時考量衛生及使用方便度，建議使用塑膠製的款式。

1

將花嘴放入擠花袋內，袋子尖端剪出符合花嘴尺寸的缺口。
＊剪到可讓花嘴的1/3露出外面的長度。

2

讓花嘴露出外面。
＊花嘴露出太多則用力擠時可能會脫落，要注意。

3

將擠花袋的前端扭轉之後塞進花嘴。
＊可以防止奶油霜在倒入途中流出。

4

於擠花袋總長的1/2至1/3處反摺，套入筒狀的容器內。
＊可乾淨漂亮地填入奶油霜，還能防止手的熱度傳導。將保特瓶切開後，當盛裝容器也OK。

5

以擠花袋一半的份量為基準倒入奶油霜。
＊若填裝過多，擠花時會從袋子上面流出。請裝至2/3的量即可。

6

以刮板或手將奶油霜往下推壓。

以上方的慣用手
出力擠壓
下方的手只作支撐用

持用方式

以慣用手絞擰擠花袋上方（以大拇指和食指的根部夾住）。另一手握住花嘴的部分（以拇指、食指、中指輕輕托住）。擠花時，以慣用手將奶油霜推壓出，另一隻手輔助支撐。

奶油霜的擠法

奶油霜擠法（平面）

介紹本書中所使用的花嘴，及各式各樣不同的擠花方式。擠花的訣竅在於「拿捏力道」。描繪線條時，要以穩定的力道來擠。手的熱度會傳導，致使奶油霜變溫變乾，因此作業要迅速。

＜星形花嘴＞
切口的數量從5至12道都有，數量愈多看起來愈華麗。
一般都是8或10道，口徑尺寸不同也會讓擠花造型改變。

點點
擠出奶油霜，將擠花袋垂直向上拉起，作出直立的尖角。

玫瑰
像在描繪の字形的方式，從中心向外繞一圈擠出圓形。

反轉
擠出奶油霜之後，一邊收力，一邊拉出逐漸變細的弧線。

＜圓形花嘴＞
除了裝飾蛋糕用的奶油霜之外，亦可用於擠出麵糊。
花樣會隨著口徑的尺寸而改變。

點點
擠出奶油霜，將擠花袋垂直向上拉起，作出直立的尖角。

水滴
擠出奶油霜之後，一邊收力，一邊朝操作者的方向拉起。

直條
將擠花袋傾斜，以穩定的力道擠出條狀。

＜小型的圓形及星形花嘴＞
a 波浪（參照P.102）
b 點點（參照上列說明）

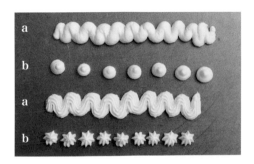

＜聖多諾黑花嘴＞

有著斜向切口的花嘴，擠出的花樣
帶有高度及份量感，予人鮮明強烈的印象。

直條
以穩定的力道斜斜地擠出。

波浪
將擠花袋左右（上下）移動，
以描繪波浪的方式擠出。

＜蒙布朗花嘴＞

製作蒙布朗蛋糕時使用的花嘴。尖端有小小的洞狀開口，
能將奶油霜擠成細細的線條狀。

點點
擠出奶油霜，將擠花袋垂直向上拉
起。

波浪
將擠花袋左右（上下）移動，
以描繪波浪的方式擠出。

＜鋸齒花嘴（單邊・雙邊）＞

有著尖銳鋸齒狀切口的扁平花嘴。
切口分為單邊及雙邊款式。

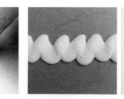

直條
將擠花袋傾斜，以穩定的力道擠
出條狀。

波浪
將擠花袋左右（上下）移動，以
描繪波浪的方式擠出。

編籃
直向擠出一條線，
再以中間隔一條的
寬度橫向擠出三條
線。

間隔一條的寬度，
直向擠出一條線，
橫向擠兩條線填平
空隙。

＊重複步驟1至2的步
驟，將直向與橫向的
線條交互重疊。

<玫瑰花嘴>

用來擠出玫瑰花瓣的花嘴。
以下介紹褶邊及波浪的擠法，可作為蛋糕邊緣的華麗花邊裝飾。

褶邊
將擠花袋傾斜，以稍微重疊的方式
擠出製作褶邊。

波浪
花嘴較細的一端朝上，將擠花袋
左右（上下）移動，以描繪波浪
的方式擠出。

<羅蜜亞花嘴>

製作正中央有空洞的羅蜜亞餅乾時使用的花嘴。
分為餅乾用及奶油霜用，奶油霜用的高度較高。

點點
擠出奶油霜，將擠花袋垂直向上拉起。

<樹葉花嘴>

能夠擠出樹葉形狀的花嘴。
除了擠出一片片的樹葉之外，連續擠成線條狀的花紋也能營造出高雅的氣息。

點點
擠出奶油霜之後，一邊掃刷一邊
收力並拉起擠花袋。

波浪
將擠花袋以描繪半圓形的方式擠出
波浪花紋。

奶油霜擠法（立體）

奶油霜花朵的擠法（立體）

花朵裝飾能讓為蛋糕增添華麗感。以下介紹的是本書中所使用的五種花朵的擠法。擠出漂亮花朵的祕訣在於勤加練習。利用烤布丁杯等高度較高的容器，一邊旋轉一邊擠花，操作起來會更容易。

＜玫瑰花嘴＞

玫瑰

1 正中央擠上1.5cm高的奶油霜，製作花芯。

2 圍繞著花芯上方擠一圈。

3 以環繞的方式由下往上斜斜地擠出一圈奶油霜。

4 以步驟**3**相同的擠法，環繞外圍一圈。重複動作，直至擠出喜歡的大小為止。

三色菫

1 從中心往外以描繪愛心形的方式擠出，製作花瓣。

2 重複步驟**1**的步驟，作出一圈共5枚花瓣。

康乃馨

1 於外側以畫圓的方式擠出褶邊（P.103）。

2 以步驟**1**的擠法，擠第二圈將中心的空洞補起來，稍微重疊在第一圈上。

＜花朵花嘴＞

美國Wilton公司出品的花朵形花嘴。

小花朵

1
花嘴放在正中央，
反轉手腕由下開始
擠。

2
以花嘴固定不動、
手腕轉回原位的方
式擠出花朵。

＜特殊花嘴＞

美國Wilton公司出品的半圓形花嘴。
於擠出花瓣時使用。

大理花

1
從中心向外呈放射
狀擠出9條直線，
製作一圈花瓣（擠
到尾端時稍微往上
拉）。

2
以步驟**1**的擠法，
於內側擠出第二
圈，將步驟**1**花瓣
間的空隙填滿。

奶油霜 ： 抹平

將奶油霜塗抹在蛋糕表面製作出一層外膜的技巧稱為「抹平」。
塗得漂亮的重點在於奶油霜的硬度。因為鮮奶油的狀態很容易改變，
作業時動作要迅速。

圓形蛋糕／鮮奶油、奶油糖霜操作實例

recipe
作法

＊使用奶油糖霜時作法也相同。奶油糖霜比鮮奶油不容易產生
狀態變化，無論重作幾次都沒問題，很推薦初學者使用。

1

在切成薄片的蛋糕最底下的那一片上面，塗抹打至八分發（P.97）的鮮奶油。

2

以刮平刀整體塗抹均勻。

＊一開始只塗薄薄一層很容易乾裂，因此多放一些奶油霜，再以刮平刀一點一點地刮除多餘的部分。

3

配合需要放上水果或果醬。

＊因為切開之後會變得很細，排放水果時略過中心部分不放。

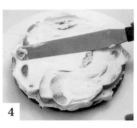

4

夾入水果時，可以奶油霜填平空隙，再以刮平刀刮平。

＊奶油霜要薄塗到可以隱約看到水果的程度。

5

重複步驟**1**至**4**並將蛋糕片重疊，在最頂層的蛋糕片表面放上大量的奶油霜（打底）。

6

以刮平刀將表面刮抹至平坦的狀態，並使多餘的部分從側面落下。

7

刮平刀呈垂直向，將奶油霜推抹均勻，填平側面的空隙。

8

頂部放上大量打至七分發（P.97）的奶油霜（抹面）

＊放上大量的奶油霜，一鼓作氣塗抹到側面為止。祕訣是不要拍整、只塗一次，完工的成品就會很漂亮。

9

放在旋轉檯上，一邊轉一邊刮抹至平坦狀，使多餘的奶油霜從側面落下。

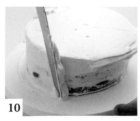

10

刮平刀呈垂直向，將側面的奶油霜推抹均勻。

11

以刮平刀去除旋轉檯和蛋糕底部相接處的奶油霜。

12

完成。

漸層蛋糕的實例
....

以染色後的奶油霜包覆蛋糕外層的「漸層奶油霜蛋糕」（P.15）。
抹平多色奶油霜的祕訣是，先以擠花袋擠出後再推抹。

recipe
作法

1

製作奶油糖霜並分成四等分，其中三份
染成能作出漸層的顏色（P.115）。

2

上面以最淺色的奶油霜薄薄塗抹。
＊在蛋糕的切片之間塗抹不染色的奶油霜後，
　再疊起來，側面的空隙填入奶油霜使其均
　整。

3

將染色的奶油霜各自放入裝有圓形花嘴
的擠花袋內，於側面下方至高度1/3處
擠上最深色。

4

依同樣方式，由下往上由深到淺依序擠
上剩下兩色奶油霜。

5

一邊轉動旋轉檯，一邊以刮板將側面的
奶油霜刮平，
＊在此以刮平刀較難使力，以刮板比較好操
　作。

6

以刮平刀將整體刮抹得漂亮均整。

方形蛋糕的實例
....

與圓形蛋糕的作法相同。因為形狀呈直線而非弧線，在塗抹時對初學者而言更容易操作。

recipe
作法

1

將大量的奶油霜抹在奶油和水果夾成三
明治的蛋糕上。

2

以刮平刀將表面的奶油霜刮抹至平坦的
狀態，使多餘的部分從側面落下。

3

刮平刀呈垂直向，將側面的奶油霜推抹
均勻。

奶油霜 ： 以湯匙＆叉子作出花紋

以下介紹的是運用湯匙、叉子及刮平刀作出花紋的方法。
運用這些身邊的工具再花點功夫，就能不斷擴展蛋糕裝飾的變化性。

＜以湯匙作出花紋＞

一邊轉動旋轉檯，一邊以湯匙背面由中心朝向外側以繞圈的方式畫出圓形。

以湯匙背面輕輕拉起奶油霜，作出帶有尖角的花紋。

以簡單的手法厚厚地抹上奶油霜，以湯匙背面隨意刮出條紋。

＜以湯匙放上奶油霜＞　　　＜以叉子作出花紋＞　　　＜以刮平刀作出花紋＞

以湯匙挖取奶油霜，簡單的手法厚厚地堆在蛋糕上。稍微大一點的湯匙使用上較為方便。

以叉子由下往上移動，在蛋糕側面刮出條紋。即使條紋的長度不一也能製造出氣氛。

以刮平刀由下往上以輕拍的方式作出棒狀花紋。

＜以花紋刮板作出花紋＞

一邊轉動旋轉檯，一邊以花紋刮板貼著奶油霜刮出花紋。

刮板
能在奶油霜上製造波浪狀花紋的工具。每一邊刮出的花紋都不一樣。刮板的形狀或材質有很多種，可依喜好選擇。

奶油霜　奶油霜裝飾法

以下介紹將奶油霜染成大理石紋的方法；將奶油霜花朵移動到蛋糕上的方法等本書中所使用的奶油霜裝飾技法。

＜玫瑰裱花蛋糕（玫瑰花嘴）（P.8）／移動奶油霜花朵＞

1 將刮平刀輕輕插入烤布丁杯底擠出的「玫瑰花」下方。	**2** 放在蛋糕上面，以手指扶著，再將刮平刀輕輕地抽出。	**3** 手指碰到的部分以刮平刀輕輕推壓整平形狀。

＜瑰裱花蛋糕（星形花嘴）（P.10）／在蛋糕上擠出玫瑰花＞

由中心朝向外側以畫の字的方式擠出玫瑰花（P.101）。以喜歡的小型星形花嘴擠出點點（P.101），填滿玫瑰之間的空隙。

＜褶邊裱花蛋糕 （P.11）／在側面擠出褶邊＞

在蛋糕的側面，與擠花嘴的開口平行的方向，由下往上擠出波浪（P.103）。

＜扇貝裱花蛋糕 （P.12）／以湯匙柄作出扇貝花紋＞

1

側面依照由下至上、由淺至深的順序，以圓形花嘴將四種顏色直向各擠出一個圓點。

2

以湯匙柄壓住後旁拖曳（P.111），重複步驟**1**、**2**。

＊作業時，每作完一次就要將湯匙擦拭乾淨。

3

在蛋糕上面的外緣以深色擠一圈，以湯匙柄壓住後旁拖曳。由深到淺各擠一圈，如此重複。

＜水果裝飾杯子蛋糕 （P.25）／將果醬加入奶油霜中＞

1

將裝有花嘴的擠花袋平放，內部薄薄塗抹一層喜歡的果醬。

＊亦可裝入市售的稠狀果汁或果醬。

2

以矽膠刮刀挖取奶油霜，放在果醬上面。

3

將步驟**2**的擠花袋套在筒狀容器上，放進剩下的奶油霜。

4

擠出的奶油霜就會帶有大理石般的花紋。

頂部裝飾 ： 蛋白霜

隔水加熱同時打發蛋白製作而成的「瑞士蛋白霜」。
形狀較小的是烤蛋白霜；較大型則可作成帕芙洛娃蛋糕，擠在蛋糕頂部再經烘烤即可變成裝飾用的蛋白霜。

基本款蛋白霜

ingredients
材料（容易製作的份量）

蛋白	35g（1個份）
糖粉	60g

＊因應用途可改成兩倍、三倍、四倍的份量。

recipe
作法

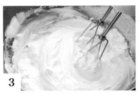
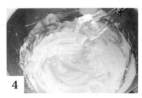

1
將蛋白與糖粉放入調理盆內，以打蛋器輕輕地打發。
＊一開始就以手持式攪拌機會打發過度，會導致溫度不易上升，因此請先以打蛋器約略攪拌。

2
在平底鍋裡煮沸熱水，將步驟1隔水加熱至60℃左右，一邊以溫度計測量。
＊加熱之後會比較容易打發。

3
溫度到達60℃之後從熱水鍋上取下，以手持式攪拌器徹底地打發。

4
蛋白霜可以拉出尖尖的角就完成了。
＊需要染色時，請在此階段一次加入少量色素，慢慢染出顏色（P.115）。

加入蛋糕麵糊的蛋白霜

為了加進麵糊裡而製作的蛋白霜，不必以隔水加熱的方式打發。
本書中P.51的方形巧克力蛋糕裡使用（材料的份量請參照P.58）。

recipe
作法

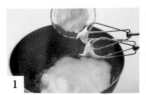

1
將蛋白放入調理盆內，以手持式攪拌機打發至可以稍微拉出尖角的狀態，加入一半份量的糖粉（或上白糖、白砂糖）。
＊一開始就加入糖粉會不容易打發，請打發至可以稍微拉出尖角的狀態再加入砂糖。

2
以手持式攪拌機混合糖粉並繼續打發，再加入剩餘的糖粉，打發至可以拉出尖角為止。

烤蛋白霜

以低溫慢慢烘烤的烤色非常美麗，推薦作裝飾用。

recipe
作法

1

2

3

依照左頁步驟製作基本款蛋白霜，染成喜歡的顏色（P.115）。放入裝有喜歡的花嘴的擠花袋內，擠在鋪著烘焙紙的烤盤上（P.101至103）。

將烤箱預熱至100℃，小型的烘烤2至3小時，大型的烘烤5至6小時。烤至以手指挾著就可以輕鬆地從烘焙紙上剝除的程度，就大功告成了。

＊烘烤不夠完全時，蛋白糊會黏在烘焙紙上剝不乾淨。難以判定烘烤程度時，可直接食用確認。

＊烘烤時間隨著形狀大小而改變。若想縮短時間時，可將溫度提高到110至120℃，但是低溫烘烤的成色較為漂亮（特別是淡色系）。

放入保存容器或保鮮袋裡，容易受潮，請與矽膠乾燥劑一起保存（常溫下約可保存10日）。

＊溫度及濕度較高的季節，因為容易受潮，所以請盡早食用完畢。

帕芙洛娃蛋糕

烤成大型的，可以當作蛋糕體。

recipe
作法

1

2

3

依照左頁步驟作出基本款蛋白霜，放入擠花袋內。

在鋪著烘焙紙的烤盤上以繞圈圈的方式擠成圓環狀，重複幾次。

＊擠成喜歡的形狀，亦可塗抹開來。擠成圓環狀的烘烤時間較短。

放入預熱至120℃的烤箱中烘烤，小型的烘烤1小時至1小時30分鐘；大型的烘烤2至3小時。
頂部放上打至八分發的鮮奶油（P.97）和喜歡的水果。

裝飾用蛋白霜

像奶油霜一樣的裝飾方式。

recipe
作法

1

依照左頁步驟作出基本款蛋白霜，放入裝有喜歡的花嘴的擠花袋內擠在糕點上（P.101至103），或以湯匙舀放上去（P.108），放進預熱至250℃的烤箱，烘烤至表面微焦的程度。

頂部裝飾 ┊ 糖霜

糖霜為糖粉溶解後製成，是一種具有甜味的乳霜狀抹醬。
染成喜歡的顏色，可以裹在蛋糕表面作外膜，或用來描繪文字。

基本糖霜

ingredients
材料（容易製作的份量）

糖粉	50g
檸檬汁	1至2小匙

recipe
作法

將糖粉與檸檬汁混合，作成黏稠狀。
＊濃度依用途而作調整（須留意濃度太稀則會流動）。擠文字時，濃度約以湯匙倒放也不會滴落的程度；塗抹蛋糕時，則以湯匙倒放時會緩緩流下的濃度為宜。

＜染色的實例＞

在作好的糖霜裡一點一點地加入喜歡的色素並混合（P.115）。

＜糖霜的使用方式＞

描繪文字
放入號角筒或擠花袋裡描繪出文字
（P.116）。

淋在蛋糕上
放入擠花袋內，擠在邊緣上。
＊亦可直接澆淋在蛋糕上，但使用擠花袋比較容易調整。

1

淋糖霜蛋糕
從蛋糕邊緣將糖霜一條一條地滴淋垂落。
＊淋在邊緣等待自然垂落。隨著底座的蛋糕體冷卻，淋在側面的糖霜也會在中途凝固，形成美麗的滴垂紋。

2

剩下的糖霜放在蛋糕上。

3

以湯匙背面塗滿整個表面。

頂部裝飾 ┊ 奶油霜·蛋白霜·糖霜染色

加入食用色素混合之後，就可以作出漂亮的奶油霜、糖霜及蛋白霜。
製作漸層蛋糕所使用的麵糊也是以相同的方法染色。

＜關於染色時使用的食用色素＞

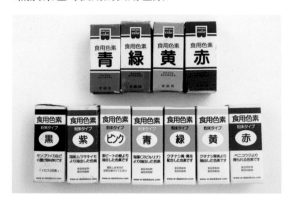

粉末型
在水中溶解之後使用。只要以基本的三原色（紅、
藍、黃）相互混合就可以作出各種不同的顏色。天然
色素（圖中下排）的色彩比較淡，混合之後容易變得
渾濁，所以備妥綠色和紫色等中間色較為方便。加入
少許黑色與棕色就能調配出具有不同色調的沉穩色
彩。

凝膠型
不需加水溶解可以直接使用。由於色彩穩定，非常推
薦給初學者使用。

＜染色的方法＞

1

將粉末型的食用色素加水溶解
（凝膠型可直接使用）。

2

使用竹串，一點一點地加入少量
色素。

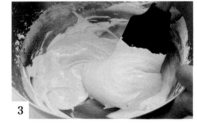

3

以矽膠刮刀徹底混合均勻。
＊以竹串一點一點地加入少量色素來調
　整顏色，直至染成喜歡的顏色。

＜調色的方法＞

以畫水彩的方式，將色素混合調
配成喜歡的顏色。一次混合太多
種時顏色容易變得渾濁。想製造
漸層時，請一點一點地加入少量
色素來作調整。

頂部裝飾 ： 文字描繪

想在蛋糕上描繪文字訊息時，先將奶油霜、巧克力或糖霜裝進號角筒或擠花袋裡，身體力行地練習順利描繪出文字的技巧。

＜號角筒＞

想要描繪出細小的文字或擠出巧克力時，號角筒較為便利。
使用OPP膜或烘焙紙來製作。

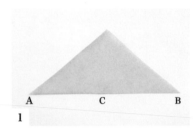

1

將OPP膜（或是烘焙紙）切成15至20cm見方的正方形，再沿對角線裁切成三角形。

2

將兩端（圖1的**A**、**B**）交叉重疊。

3

以圖1的**C**為尖端，滑動紙張讓各角重疊，作出尖端漸細的圓筒狀。

4

疊合處以釘書機固定。

5

號角筒完成了。

6

將號角筒插在量杯裡頭，使其呈直立狀，再填入糖霜或巧克力醬。

7

頂部摺疊後作成蓋子。使用OPP膜時則改以膠帶固定。

8

尖端切出小開口。

9

以拇指和食指挾住，描繪文字。
＊用力捏住內容物會從上面溢出，請特別注意。

＜擠花袋＞

在小型的擠花袋內填裝喜歡的顏色的奶油霜或糖霜。
小型的圓形花嘴擠起來比較容易。

1

將喜歡的文字以影印等方式複製成適合
蛋糕尺寸的大小，上面以烘焙紙疊上，
一邊描摹，一邊練習。

＊比起什麼都不看就直接寫，先以描摹的方式
　抓住訣竅後，較容易上手，且能夠掌握文字
　之間的距離。

＊一邊看著練習過的文字，一邊描繪在蛋糕
　上。先將文字描繪好，再進行其他的裝飾作
　業（奶油霜擠花等）。

＜以巧克力筆（裝飾筆）在蛋糕上描繪文字＞

巧克力筆較難描繪小型或纖細的文字，建議描寫不會太細且簡單的文字。
速乾型的筆可以依字體先描繪在烘焙紙上，放進冰箱冷藏至變硬後，再剝下來使用。
使用時先浸在熱水裡將尖端切開。溫度過高會很難描繪，以大約60℃的熱水溫熱即可。
速乾型的筆雖然很便利，但是變硬的時間很短，作業須迅速完成。

1

2

在OPP膜或烘焙紙上畫出與蛋糕尺寸相
符的形狀，練習描繪文字。

＊多試寫幾次，學會配合蛋糕的大小確認好文
　字的尺寸和字距。

一邊看著練習過的文字，一邊描繪在蛋
糕上。

＊不要太過細小的文字，都可直接將練習時寫
　在紙上的文字剝下，黏貼在蛋糕上。

巧克力 ： 巧克力鏡面

以巧克力作蛋糕裝飾時，以不需調溫即可使用的巧克力鏡面最為簡單。融化後澆淋在蛋糕上，等待硬化後，即可作成裝飾，或各種不同的用途。

＜巧克力鏡面＞

巧克力筆較難描繪小型或纖細的文字，建議描寫不會太細且簡單的文字。
將製作甜點用的巧克力塊或巧克力片融化後使用時，必須進行「調溫」。調溫的溫度須嚴格控制。少量製作時溫度不易穩定，因此自製調溫巧克力容易導致失敗。巧克力鏡面不須經過調溫，相對便利，容易處理製作，且有著各式各樣的不同風味。

1

以隔水加熱或微波爐加熱的方式融化。

2

溫度太高時會潺潺流動，待熱度稍退，放涼至接近人的體溫（30至35℃）後再使用。

＜巧克力鏡面的使用方式＞

澆淋在上面

1

蛋糕下方墊著蛋糕冷卻網，放在托盤上面。從上面澆淋融化後的巧克力鏡面醬。
＊直接澆淋不容易均勻，可先以奶油糖霜打底後，就可以作出很漂亮的淋面。
＊依用途不同，也可改以湯匙塗開。

2

以刮平刀將表面刮抹至平坦的狀態，使多餘的部分從側面低落。

3

刮平刀呈垂直向，將側面的巧克力醬推抹均勻。

淋醬蛋糕

1

以小湯匙從蛋糕邊緣將融化後的巧克力
鏡面醬一條一條地滴淋下去。

＊淋在邊緣等待自然垂落。隨著底座的蛋糕體
　冷卻，淋在側面的巧克力醬也會在中途凝
　固，形成美麗的滴垂紋。

2

剩下的巧克力醬放在蛋糕上面。

3

以湯匙背面塗滿整個表面。

捲邊巧克力

1

將融化後的巧克力鏡面醬薄薄地塗抹在
托盤背面。

＊請準備托盤等用力刨削也不易損壞的金屬製
　器具。重點在於盡可能塗抹得愈薄愈好。

2

將巧克力醬放進冰箱冷藏至變硬為止。

3

使用堅固的金屬製抹刀或鏟子，將巧克
力刨削成薄片。

＊請使用即使出大力也不會彎曲的金屬製品。

薄片巧克力

1

將融化後的巧克力鏡面醬，以湯匙在烘
焙紙上抹成圓形。

＊不放其他配料，直接使用也OK。

2

放進冰箱裡冷藏至變硬，再輕輕地從紙
上剝下來。

巧克力 ┊ 蕾絲巧克力

說到蕾絲巧克力，馬上就讓人聯想到以巧克力編成的纖細蕾絲圖案。
但在家中製作時，建議使用以巧克力筆就能輕鬆作出簡單的圖樣。

recipe
作法

1

準備好烘焙紙和喜歡的圖案。

＊只要是線條有連在一起、不太過細緻的圖案，都可製作。

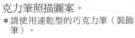

2

將烘焙紙疊在圖案上，以巧克力筆照描圖案。

＊請使用速乾型的巧克力筆（裝飾筆）。

3

放進冰箱冷藏至變硬，以鑷子從紙上剝下來。

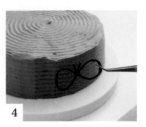

4

貼在已經以奶油霜裝飾好的蛋糕上。

＜P.53甘納許巧可力蛋糕的圖案＞

請配合蛋糕的大小，影印之後使用。

水果 ： 水果・花朵・香草的事前準備

為了作出既美觀又美味的蛋糕，最重要的就是作好完善的事前準備。
在此介紹水果與香草的基本處理技巧，例如：去除水氣、洗淨並去除髒污……

＜去除水氣＞

若要水果放在蛋糕上裝飾或夾進三明治時，夾雜過多的水氣會讓糕點變得潮濕黏膩。柑橘或罐頭水果等水分較多的類型，在切好後請先放在廚房紙巾上，充分去除水氣。

＜需要洗＆不需要洗的種類＞

草莓或藍莓等莓果類水果，在清洗後容易受損且失去表面的光澤。在沒有泥土髒污的情況下，只要以毛刷將灰塵與碎屑等掃刷掉即可。可以連皮食用的水果，則須洗過再去除水氣。

＜容易變色的類型＞

蘋果或桃子等時間一久容易變色的水果，切好後先淋上具有防止變色效果的檸檬汁。或塗上鏡面果膠（P.122）阻隔空氣接觸，也具有防止變色的效果。

＜食用鮮花・香草＞

食用鮮花和香草是為了當作飲食用途而栽培的花草。在百花中很多都具有毒素，因此在蛋糕裝飾時務必選擇可食用的品種。鮮花不耐乾燥、高溫，購買後請放在鋪有以水浸濕的廚房紙巾的保存容器裡，並放入冰箱冷藏。保存期限約2至3天。請盡早使用完畢。

水果 ： 作出光澤

以水果作裝飾時，最不可或缺的就是鏡面果膠和杏桃果醬。
可以同時防止乾燥並作出光澤；堆疊水果時亦可作為黏著劑。

＜鏡面果膠＞

可使水果具有光澤、黏著、防止乾燥與變色。可分為加熱型、果凍型、粉末型等多樣選擇。皆可於烘焙材料行購買。具有黏著效果的是加熱型（如圖）。

＜加熱型的實例＞

1

如圖所示，以鍋子加水煮至溶化。

2

以毛刷大量地塗抹在水果上。

＜杏桃果醬＞

杏桃果醬的黏著力雖然比較弱，但具有光澤、防止乾燥和變色的效果。可以普通果醬用篩網過濾後使用，或使用烘焙材料行所販售的製造光澤專用產品。請選擇沒有果肉的類型。

加入少量的水或洋酒稀釋，
加熱後再以毛刷塗上。

切片方式&保存方法

若要將裝飾好的蛋糕切開，可先以熱水溫熱刀子再分切，
切口才會漂亮。以下將介紹非當天食用的保存方法。

＜切片的方式＞

1

刀子浸在熱水裡溫熱。

2

以廚房紙巾拭除水氣。

3

首先切成一半。

4

刀子每切過一刀，就要以廚房紙巾擦拭乾淨，重複步驟 **1**、**2**。

5

將半邊蛋糕再切一半。

6

將1/4的蛋糕再切一半，切成容易食用的大小。

＜保存方法＞

・作裝飾之前所有的蛋糕體都要在常溫下保存。
・使用奶油糖霜、奶油乳酪糖霜、巧克力鮮奶油、糖霜的蛋糕放入冰箱冷藏會硬化，因此建議以常溫保存。
＊在氣溫或濕度較高的季節，蛋糕容易損壞，請先放入冷藏保存，食用前再取出回復至常溫。

・使用鮮奶油、巧克力甘納許、檸檬糖霜、水果的蛋糕請放入冰箱冷藏保存。請勿使乾燥或沾附味道的容器，並可視情況以保鮮膜包覆或放入乾淨的保存容器中。
＊切開後的裝飾蛋糕，可於保存容器的蓋子上鋪墊保鮮膜，放上蛋糕後再倒扣上容器的本體。將翻面的蓋子當成底座使用，比較容易移動蛋糕且不易垮塌。

＜保存期限＞

・作好的蛋糕可放入冷藏庫裡保存2至3天（若裝飾上新鮮水果，最好於當日至隔日盡早食用完畢）。
・除了帕芙洛娃蛋糕（P.42）之外，所有尚未裝飾的蛋糕體，都可以保鮮膜包好或放入保鮮袋裡冷凍保存（2至3週）。
＊保存期限為預設值，會隨狀態而有所不同，請盡早享用完畢。

材料

....

介紹本書中的糕點所使用的主要材料。

砂糖、植物油、洋酒……依種類不同，風味也會產生變化，請依喜好選擇。

粉類

低筋麵粉

麩質的含量較低，不容易出筋。質地較細，可以作出輕盈蓬鬆的麵糊。使用可於超市購買的款式即可。

高筋麵粉

麩質的含量較高，作出來的麵糊扎實而厚重。質地乾燥蓬鬆，適合當作麵團塑型時的手粉使用。

杏仁粉

以杏仁製成的粉末。分為帶皮和去皮兩種，可依喜好選擇。具有芳香的風味、甜味和濃度，能為甜點提味。

可可粉

不要選擇含有糖分與乳脂等添加物的製品，要選無糖且無添加物的純可可粉。很容易結塊，所以使用前要先搖晃。

泡打粉

又稱為鬆粉，是用來幫助麵糊膨脹的膨脹劑。使用時和麵粉一起過篩。建議使用不含鋁的類型。

糖類

上白糖

高雅的甜味跟任何甜點都很契合。味道比白砂糖來得濃厚，能烤出明顯的顏色。但很容易結塊。

白砂糖

甜味相當的爽口。精製的程度很高，可以作出很堅固的蛋白霜。推薦使用不容易結塊且容易溶解的特級白砂糖。

黃砂糖

特徵是濃郁的香味和圓潤的甜度。精製的程度較低，富含礦物質。樸實的風味相當適合使用植物油製作的甜點。

糖粉

將白砂糖壓成粉末狀的製品。甜味清淡，質地乾燥蓬鬆且混合容易。除了用在麵糊之外，也可以撒在甜點表面上作最後裝飾。

油類

無鹽奶油

沒有添加食鹽的奶油。使用於製作蛋糕麵糊及奶油糖霜（P.94至P.96）。可依喜好使用發酵奶油，風味更濃郁。

植物油

從植物的種子或果實中提煉出來的植物性油脂。沙拉油、白芝麻油、菜籽油、葡萄籽油等無特殊味道的類型比較適合用來作甜點。

乳製品

牛奶

加進麵糊裡可增添濃度和甜味，比水更能帶出濃郁感。也可使用低脂肪牛乳，但盡可能選擇成分無添加的類型。

鮮奶油

請使用標示為「鮮奶油」，以不含添加物的純牛乳為原料的製品。乳脂成分在38至42％左右的最好處理（P.97）

原味優格

請使用無糖製品。加入可以製造清爽的酸味和濃度。奶油蛋糕（P.84）和植物油杯子蛋糕（P.87）裡有使用。

酒類

蘭姆酒

砂糖甘蔗榨汁之後釀製而成的蒸餾酒。風味香甜，除了杏仁奶油霜之外（P.88），還可於為糕點增添風味時使用。

白蘭地

以葡萄製成的蒸餾酒。芳醇的香氣可帶出成熟的風味。有各種不同的種類，熟成之後依年份不同被稱為XO或VO。

蒸餾酒

以德國產的櫻桃為原料製成，無色透明的蒸餾酒。原文為Kirschwasser。具有深度的高雅風味，可讓糕點美味更上一層。

君度橙酒

以法國原產的柳橙為原料製成的蒸餾酒，風味輕盈爽口。水果就不用說了，與巧克力甜點的相容性也很佳。

＊若不喜飲酒，製作時不加酒類也無妨。

其他

蛋

本書中使用的是中型蛋（蛋黃17至19g，蛋白35至38g）。盡可能挑選新鮮的蛋。蛋白打發後須冷藏到使用前。

鹽

加入少量的鹽可以突顯甜味。與小麥粉混合能加強筋度，讓麵糊變得更扎實。請選擇喜歡的類型。

檸檬汁

用於製作檸檬糖霜（P.98）和糖霜裡。將新鮮檸檬榨汁或使用市售的果汁都OK。散發清爽的酸味和香氣。

巧克力

使用甜點專用巧克力或一般巧克力片皆可。裝飾時建議選擇不需調溫也可使用的巧克力類型（P.118）。

堅果類

杏仁、花生、胡桃、開心果……這些堅果可是頂部裝飾的重要食材。香濃的風味與口感能為蛋糕畫龍點睛。

工具

以下介紹本書中的糕點所使用的主要工具。
使用的工具和烤模會依糕點類型而有所不同，請配合想要製作的蛋糕作準備。

調理盆

備妥直徑約在20至25cm的大小各一個，作業起來會比較容易。隔水加熱時，建議使用容易導熱的不銹鋼製品。。

萬用濾杓

請準備有一支附將手的濾杓。除了篩濾粉類之外，還可以當磨泥器使用。選擇網目不會太細的產品，操作起來比較容易。

量杯、量匙

測量牛奶或鮮奶油等液體時請使用量杯（1杯＝200ml），測量泡打粉等量少的材料時請使用量匙（1大匙＝15ml，1小匙＝5ml）。

電子秤

請使用以1g為單位，能測出正確重量的電子秤。選擇具有能減去容器重量的扣重機能的款式更佳。

打蛋器

混合材料時使用。也擔任去除結塊、打入空氣的角色。選擇適合調理盆大小，把手堅固的款式。

手持式攪拌機

能夠迅速又強力地混合材料。海綿蛋糕的打發蛋及製作蛋白霜和奶油霜時使用。

矽膠刮刀

混合材料、從調理盆裡乾淨俐落地取出內容物時使用。選擇加熱醬汁時也可使用的耐熱款式為佳。

烘焙紙

具有耐熱性與防水性的紙張。可鋪在烤模或烤盤上。製作薄片巧克力（P.119）與蕾絲巧克力（P.120）時使用。

蛋糕冷卻架

將烤好的蛋糕放上，可使蛋糕從上到下徹底冷卻。有各種形狀，請選擇方便使用的形狀和大小。

波浪刀

將糕點切開時使用。刀刃呈現鋸齒形的波浪狀。只要像鋸子一樣前後拉動，再柔軟的蛋糕也能切得漂亮。

擀麵棍・擀麵板

擀平塔皮麵團時使用。粗一點的擀麵棍因為有重量使用起來比較容易。沒有擀麵板在乾淨的桌面上進行作業也OK。

刮板

混合麵糊或切開時使用的工具。於準備擠花袋（P.100）和抹平奶油霜漸層（P.107）時使用。

托盤

備有金屬製的方形托盤，在作糕點的最後修飾或準備材料等任何階段都很便利。於製作捲邊巧克力時使用。

OPP膜

強度很高的透明薄膜。以糖霜描繪文字時，可使用OPP膜製作號角筒。亦可於包裝時使用。

溫度計

製作海綿蛋糕（P.82）、奶油蛋糕（P.94）、蛋白霜（P.112）使用。隔水加熱時需一邊打發，一邊以溫度計測量溫度。

毛刷

以水果裝飾蛋糕時，塗抹製造光澤的鏡面果膠或杏桃果醬時使用。矽膠製品較為方便操作。

旋轉檯

將蛋糕以奶油霜包覆並抹平淋醬時（P.106），可以利用旋轉檯一邊旋轉，一邊作業。配合蛋糕尺寸作挑選。

刮平刀

塗抹奶油霜時使用。也可以拍抹的方式作出花紋（P.108），選擇帶有適當彎度的款式較容易使用。

模具

圓形烤模

本書使用的是直徑12cm、15cm、18cm三種。是烤蛋糕時最基本的一種烤模，可作出各種不同變化。

塔模・塔圈

本書使用的是直徑12cm、18cm的塔模及直徑10cm的塔圈。為了不使麵糊沾黏，請先薄薄塗上一層奶油或植物油。

咕咕霍夫烤模

本書使用的是直徑18cm的款式。波浪狀的紋路既美觀又華麗。請薄薄塗上奶油或植物油後使用。

方形烤模

本書使用的是18×18cm的款式。相同的麵糊以方形烤模烘烤，可呈現時尚風格。方形蛋糕容易裝飾和分切。

磅蛋糕模

本書使用的是18×8.7×6cm的款式。以磅蛋糕模烤出來的蛋糕裝飾面積較為狹小，推薦初學者使用。

馬芬模

本書使用的是直徑7cm的馬芬模。材質有熱傳導性佳的琺瑯、矽膠加工製成……可依個人喜好作選擇。

國家圖書館出版品預行編目(CIP)資料

超過20種花式擠花教學：擠花不NG!夢幻裱花
蛋糕BOOK / 福田淳子著；廖紫伶譯.
-- 初版. -- 新北市：良品文化館, 2018.04
面；　公分. -- (烘焙良品；75)
ISBN 978-986-95927-4-1(平裝)

1.點心食譜

427.16　　　　　　　　　　107003580

烘焙 ⬭ 良品 75

超過20種花式擠花教學

擠花不NG ！夢幻裱花蛋糕BOOK

作　　　者／福田淳子
譯　　　者／廖紫伶
發　行　人／詹慶和
總　編　輯／蔡麗玲
執 行 編 輯／李佳穎
編　　　輯／蔡毓玲・劉蕙寧・黃璟安・陳姿伶・李宛真
封 面 設 計／陳麗娜
美 術 編 輯／周盈汝・韓欣恬
內 頁 排 版／造極
出　版　者／良品文化館
郵政劃撥帳號／18225950
戶　　　名／雅書堂文化事業有限公司
地　　　址／220新北市板橋區板新路206號3樓
電 子 信 箱／elegant.books@msa.hinet.net
電　　　話／(02)8952-4078
傳　　　真／(02)8952-4084

2018年4月初版一刷　定價 380元

KUMIAWASE JIYU JIZAI! HAJIMETE NO DECORATION CAKE
BOOK by Junko Fukuda
Copyright© 2016 Junko Fukuda, Mynavi Publishing Corporation
All rights reserved.
Original Japanese edition published by Mynavi Publishing
Corporation

This Traditional Chinese edition is published by arrangement
with Mynavi Publishing Corporation, Tokyo in care of Tuttle-Mori
Agency, Inc., Tokyo through Keio Cultural Enterprise Co., Ltd.,
New Taipei City.

經銷／易可數位行銷股份有限公司
地址／新北市新店區寶橋路235巷6弄3號5樓
電話／(02)8911-0825
傳真／(02)8911-0801

staff

設計／オオモリサチエ（and paper）
攝影／公文美和
造型／曲田有子
取材／矢澤純子
助理／伊藤芽衣、梶山葉月、谷村淳子
　　　常井一秀、茂木恵実子、安本圭佑
編輯／櫻岡美佳
材料提供 cuoca　http://www.cuoca.com/

Cake Decorating Book

Cream

Fruits

Chocolate

Decoration

Cake Decorating Book

Cream

Fruits

Chocolate

Decoration